云 计 算 导 论

总主编　刘　鹏

主　编　王成喜

副主编　王　巍

清华大学出版社

北　京

内 容 简 介

　　本书从云计算的基本概念开始,以云计算知识结构和技术要点为脉络,用理论与实践相结合的方式介绍云计算的内容。全书共 8 章,分成 3 个部分,第 1 章和第 2 章为基础部分,介绍云计算的基本概念、发展及模型结构;第 3 章~第 7 章为技术实践操作部分,是全书的重点内容,主要介绍云计算的体系结构与部署、云计算主要技术、可用的共有云平台、虚拟化平台的搭建,以及分布式计算平台的搭建相关内容;第 8 章为云计算应用部分,介绍云计算在各个行业领域的实践应用情况。

　　本书既适合作为高职院校计算机相关专业的云计算导论课程的教材,也适合非计算机专业的学生及广大云计算爱好者阅读学习。

图书在版编目(CIP)数据

云计算导论/王成喜主编. 一北京:清华大学出版社,2021.9
大数据应用人才培养系列教材
ISBN978-7-302-57219-0

Ⅰ. ①云… Ⅱ. ①王… Ⅲ. ①云计算—教材 Ⅳ. ①TP393.027

中国版本图书馆 CIP 数据核字(2020)第 260213 号

责任编辑:贾小红
封面设计:刘　超
版式设计:文森时代
责任校对:马军令
责任印制:沈　露

出版发行:清华大学出版社
　　　　　网　　　址:http://www.tup.com.cn,http://www.wqbook.com
　　　　　地　　　址:北京清华大学学研大厦 A 座　　　邮　　编:100084
　　　　　社 总 机:010-62770175　　　　　　　　　邮　　购:010-62786544
　　　　　投稿与读者服务:010-62776969,c-service@tup.tsinghua.edu.cn
　　　　　质量反馈:010-62772015,zhiliang@tup.tsinghua.edu.cn
印 装 者:三河市龙大印装有限公司
经　　销:全国新华书店
开　　本:185mm×260mm　　　印　张:11　　　字　数:209 千字
版　　次:2021 年 10 月第 1 版　　　　　　印　次:2021 年 10 月第 1 次印刷
定　　价:58.00 元

产品编号:075031-01

编写委员会

总主编　刘　鹏

主　编　王成喜

副主编　王　巍

参　编　武丽芬　冉祥金

总　序

　　短短几年间，大数据就以一日千里的发展速度，快速实现了从概念到落地，直接带动了相关产业的井喷式发展。数据采集、数据存储、数据挖掘、数据分析等大数据技术在越来越多的行业中得到应用，随之而来的就是大数据人才缺口问题的凸显。根据《人民日报》的报道，未来 3～5 年，中国需要 180 万数据人才，但目前只有约 30 万人，人才缺口达到 150 万之多。

　　大数据是一门实践性很强的学科，在其金字塔型的人才资源模型中，数据科学家居于塔尖位置，然而该领域对于经验丰富的数据科学家需求相对有限，反而是对大数据底层设计、数据清洗、数据挖掘及大数据安全等相关人才的需求急剧上升，可以说占据了大数据人才需求的 80%以上。比如数据清洗、数据挖掘等相关职位，需要源源不断的大量专业人才。

　　巨大的人才需求直接催热了相应的大数据应用专业。2018 年 1 月 18日，教育部公布了"大数据技术与应用"专业备案和审批结果，已有 270 所高职院校申报开设"大数据技术与应用"专业，其中共有 208 所职业院校获批"大数据技术与应用"专业。随着大数据的深入发展，未来几年申请与获批该专业的职业院校数量仍将持续走高。同时，对于国家教育部正式设立的"数据科学与大数据技术"本科新专业，除已获批的 35 所大学之外，2017年申请院校也高达 263 所。

　　即使如此，就目前而言，在大数据人才培养和大数据课程建设方面，大部分专科院校仍然处于起步阶段，需要探索的问题还有很多。首先，大数据是个新生事物，懂大数据的老师少之又少，院校缺"人"；其次，院校尚未形成完善的大数据人才培养和课程体系，缺乏"机制"；再次，大数据实验需要为每位学生提供集群计算机，院校缺"机器"；最后，院校没有海量数据，开展大数据教学实验工作缺少"原材料"。

　　对于注重实操的大数据技术与应用专业专科建设而言，需要重点面向网络爬虫、大数据分析、大数据开发、大数据可视化、大数据运维工程师的工作岗位，帮助学生掌握大数据技术与应用专业必备知识，使其具备大数据采集、存储、清洗、分析、开发及系统维护的专业能力和技能，成为能够服务区域经济的发展型、创新型或复合型技术技能人才。无论是缺"人"、缺

"机制"、缺"机器"，还是缺少"原材料"，最终都难以培养出合格的大数据人才。

其实，早在网格计算和云计算兴起时，我国科技工作者就曾遇到过类似的挑战，我有幸参与了这些问题的解决过程。为了解决网格计算问题，我在清华大学读博期间，于 2001 年创办了中国网格信息中转站网站，每天花几个小时收集和分享有价值的资料给学术界，此后我也多次筹办和主持全国性的网格计算学术会议，进行信息传递与知识分享。2002 年，我与其他专家合作的《网格计算》教材正式面世。

2008 年，当云计算开始萌芽之时，我创办了中国云计算网站（chinacloud.cn）（在各大搜索引擎"云计算"关键词中排名第一），2010 年出版了《云计算（第 1 版）》，2011 年出版了《云计算（第 2 版）》，2015 年出版了《云计算（第 3 版）》，每一版都花费了大量成本制作并免费分享对应的几十个教学 PPT。目前，这些 PPT 的下载总量达到了几百万次之多。同时，《云计算》一书也成为国内高校的优秀教材，在中国知网公布的高被引图书名单中，《云计算》在自动化和计算机领域排名全国第一。

除了资料分享，在 2010 年，我们在南京组织了全国高校云计算师资培训班，培养了国内第一批云计算老师，并通过与华为、中兴、360 等知名企业合作，输出云计算技术，培养云计算研发人才。这些工作获得了大家的认可与好评，此后我接连担任了工信部云计算研究中心专家、中国云计算专家委员会云存储组组长、中国大数据应用联盟人工智能专家委员会主任等。

近几年，面对日益突出的大数据发展难题，我们也正在尝试使用此前类似的办法去应对这些挑战。为了解决大数据技术资料缺乏和交流不够通透的问题，我们于 2013 年创办了中国大数据网站（thebigdata.cn），投入大量的人力进行日常维护，该网站目前已经在各大搜索引擎的"大数据"关键词排名中位居第一；为了解决大数据师资匮乏的问题，我们面向全国院校陆续举办多期大数据师资培训班，致力于解决"缺人"的问题。

2016 年年末至今，我们已在南京多次举办全国高校/高职/中职大数据免费培训班，基于《大数据》《大数据实验手册》以及云创大数据提供的大数据实验平台，帮助到场老师们跑通了 Hadoop、Spark 等多个大数据实验，使他们跨过了"从理论到实践，从知道到用过"的门槛。

其中，为了解决大数据实验难问题而开发的大数据实验平台，正在为越来越多的高校教学科研带去方便，帮助解决"缺机器"与"缺原材料"的问题。2016 年，我带领云创大数据（www.cstor.cn，股票代码：835305）的科研人员，应用 Docker 容器技术，成功开发了 BDRack 大数据实验一体机，它打破了虚拟化技术的性能瓶颈，可以为每一位参加实验的人员虚拟出 Hadoop 集群、Spark 集群、Storm 集群等，自带实验所需数据，并准备了详细的实验手册（包含 42 个大数据实验）、PPT 和实验过程视频，可以开展大数据管理、大数据挖掘等各类实验，并可进行精确营销、信用分析等多种实战演练。

目前，大数据实验平台已经在郑州大学、成都理工大学、金陵科技学院、天津农学院、西京学院、郑州升达经贸管理学院、信阳师范学院、镇江高等职业技术学校等多所院校部署应用，并广受校方好评。该平台也可以云服务的方式在线提供（大数据实验平台，https://bd.cstor.cn），实验更是增至 85 个，师生通过自学，可用一个月时间成为大数据实验动手的高手。此外，面对席卷而来的人工智能浪潮，我们团队推出的 AIRack 人工智能实验平台、DeepRack 深度学习一体机以及 dServer 人工智能服务器等系列应用，一举解决了人工智能实验环境搭建困难、缺乏实验指导与实验数据等问题，目前已经在清华大学、南京大学、南京农业大学、西安科技大学等高校投入使用。

在大数据教学中，本科院校的实践教学应更加系统性，偏向新技术的应用，且对工程实践能力要求更高。而高职、高专院校则更偏向于技术性和技能训练，理论以够用为主，学生将主要从事数据清洗和运维方面的工作。基于此，我们联合多家高职院校专家准备了《云计算导论》《大数据导论》《数据挖掘基础》《R 语言》《数据清洗》《大数据系统运维》《大数据实践》系列教材，帮助解决"机制"欠缺的问题。

此外，我们也将继续在中国大数据（thebigdata.cn）和中国云计算（chinacloud.cn）等网站免费提供配套 PPT 和其他资料。同时，持续开放大数据实验平台（https://bd.cstor.cn）、免费的物联网大数据托管平台万物云（wanwuyun.com）和环境大数据免费分享平台环境云（envicloud.cn），使资源与数据随手可得，让大数据学习变得更加轻松。

在此，特别感谢我的硕士导师谢希仁教授和博士导师李三立院士。谢希仁教授所著的《计算机网络》已经更新到第 7 版，与时俱进日臻完美，时时提醒学生要以这样的标准来写书。李三立院士是留苏博士，为我国计算机事业做出了杰出贡献，曾任"国家攀登计划"项目首席科学家。他的严谨治学带出了一大批杰出的学生。

　　本丛书是集体智慧的结晶，在此谨向付出辛勤劳动的各位作者致敬！书中难免会有不当之处，请读者不吝赐教。

刘　鹏

于南京大数据研究院

2018 年 5 月

前　言

随着科技突飞猛进地发展，很多突破性的科技进步纷纷涌现，云计算技术便是其中之一。云计算是一种模型，它可以实现随时随地、便捷、随需应变地从可配置的计算资源共享池中获取所需的资源，并且资源能够快速地供应并释放，使管理资源的工作量和与服务提供商的交互减小到最低限度。云计算最初是为了实现网络、服务器、存储、应用，以及服务等资源的有效管理，而伴随着虚拟化、容器等开源技术的日益成熟，云计算不仅改变了计算机的使用方法与计算模式，也影响了人们的日常生活方式和办公模式。发展至今，云计算已将计算服务作为一种公共设施提供给用户使用，就像生活中提供传统的水、电、燃气等服务一样，云计算通过公共网络提供计算存储服务，成为人们生活中不可或缺的一部分。特别是突如其来的新冠疫情，通过线上的学习、办公以及行程码防疫等方式，更能使我们深刻体会到云计算技术对人民生活的重要性。

目前世界 500 强企业都在加快信息云化战略部署，同时，我国将云计算定位到国家战略高度，从政府到产业界都在积极推动云计算技术的应用和发展，诸如华为、腾讯、南京云创大数据等知名 IT 企业都在大力地研发和更新云计算产品，形成了云计算服务生态系统，推动了云计算技术与应用服务的高速发展。

云计算不仅影响着商业世界，同样也在向生产制造、公共服务等领域延伸。通过对政务、交通、教育等公共服务领域的资源整合，实现了大平台、大应用、大协同体系的构建，产生了许多新业态，业界对云计算类人才的需求激增。由此编写了云计算教育普及实践应用方面的教材，定位于"云计算导论"方向。在编写过程中着眼于将技术本身的普及介绍与开发实践相结合，通过言简意赅的描述，丰富实例的引导，传播云计算的基础入门知识与实践应用。全书共 8 章，分为基础概念介绍、主要技术实践操作、云计算服务应用 3 个部分，以梳理云计算知识结构和技术要点为脉络，由浅入深地引领读者阅读学习。无论是从事云计算研究、开发的初学者，还是在读学生，都能从本书中找到自己想了解的云计算知识点的内容。本书既适合作为本科及高职院校的计算机专业教材，也适合非计算机专业的学生以及广大云计算爱好者阅读学习。

本书第 1 章和第 2 章由山西晋中学院武丽芬编写，第 3 章和第 6 章由吉林大学冉祥金编写，第 4 章和第 5 章由大连民族大学王巍编写，第 7 章和第 8 章由吉林大学王成喜编写。受作者本身认识水平或疏忽所限，书中可能存在不妥、甚至错误之处，欢迎读者进行批评指正。

本书在编写过程中，得到了南京云创大数据人工智能研究院刘鹏教授、武郑浩先生和清华大学出版社王莉编辑的支持和热心指导，在此深表感谢！同时，感谢亚马逊 AWS 大学合作负责人孙展鹏团队以及华为云提供的技术支持；另外，本书的编写也得到了吉林大学实验技术项目"机器学习实验环境开放共享平台 201906"和"基于云桌面技术的实验室管理平台研究201935"，以及教育部高教司协同育人项目"JLU-AWS 校园 AI 云创实验室建设 201901271017"和华为"智能基座"云计算课程建设等项目的大力支持，在此一并深表感谢！

编者
2021 年 5 月

目　录

第 8 章 云计算应用

第 1 章

云计算概述

云计算是一种基于互联网的计算方式，要实现云计算需要一整套的技术架构去实施，包括计算机网络、服务器、存储、虚拟化等。根据云计算提供服务对象（即内部使用或面向公众）的不同，可将其分为公有云计算、私有云计算和混合云计算。

1.1 云计算的基本概念

1.1.1 什么是云计算

狭义的云计算是指 IT 基础设施的交付和使用模式，指在网络中以按需、按量、按时、易扩展的方式获得所需的硬件配置、操作系统平台以及软件服务等资源。提供资源服务的网络被称为"云"。"云"中的资源对使用者而言是可以无限扩展的，并且可以随时获取、按需使用、随地扩展、按量付费，突破了时空的限制，这种特性经常被比喻为像使用水电一样使用 IT 基础设施。

广义的云计算是指服务的交付和使用模式，即依靠网络以按需、易扩展的方式获得所需的服务。这种服务可以是 IT 和软件、互联网相关的，也可以是任意其他的服务。

现阶段广为接受的云计算概念是美国国家标准与技术研究院（NIST）的定义：云计算是一种按使用量付费的模式，这种模式提供可用的、便捷的、按需的网络访问，进入可配置的计算资源共享池（资源包括网络、服务器、存储、应用软件、服务），这些资源能够被快速提供，只需投入很少的管理工作，或与服务供应商进行很少的交互。

1.1.2　云计算的基本特征

通俗地讲，云计算就是将处理数据这个步骤放在网络的远程服务端进行。首先，由于物联网的发展，电子终端设备，如手机、平板和个人电脑的CPU、内存、硬盘、GPU等硬件资源的数据处理性能是非常有限的；另外，普通网络宽带的带宽与速度是极不稳定的，如果配置专线，使用费用又极高；其次，个人和企业有时需要一些平台的专业软件服务，但让用户购买十几万元甚至上百万元的高性能服务器和软件是不现实的，而提供云计算服务的企业正是为了解决这样的问题。好比是从古老的单台发电机模式转向了电厂集中供电的模式，这意味着计算能力也可以作为一种商品进行流通，就像燃气、水、电一样，取用方便，费用低廉。

云计算有如下特征。

1. 超大规模

"云"具有相当的规模，Google 云拥有 100 多万台服务器， Amazon、IBM、微软、阿里云、华为云、云创云盘等"云"共拥有几千万台物理服务器、几亿台虚拟服务器。

2. 虚拟化

云计算支持用户在任意位置、使用各种终端获取应用服务。所请求的资源来自"云"，而不是固定的有形的实体。应用在"云"中某处运行，但实际上用户无须了解、也不用担心应用运行的具体位置，只需要一台笔记本电脑或者一部手机，就可以通过网络服务来实现我们需要的一切，甚至包括超级计算这样的任务。

3. 高可靠性

"云"使用了数据多副本容错、计算节点同构可互换等措施来保障服务的高可靠性，使用云计算比使用本地计算机更可靠。

4. 通用性

云计算不针对特定的应用，在"云"的支撑下可以构造出千变万化的应用，同一个"云"可以同时支撑不同的应用运行。

5. 高可扩展性

"云"的规模可以动态伸缩，满足应用和用户规模增长的需求。

6. 潜在的危险性

云计算服务除了提供计算服务外，还必然提供了存储服务。政府机构、商业机构（特别是像银行这样持有敏感数据的商业机构）在选择云计算服务时应保持足够的警惕。一旦商业用户大规模使用商业机构提供的云计算服务，无论其技术优势有多强，云计算中的数据对于数据所有者以外的其他云计算用户是保密的，但是对于提供云计算服务的商业机构却毫无秘密可言。所有这些潜在的危险，是商业机构和政府机构选择云计算服务、特别是国外机构提供的云计算服务时，不得不考虑的一个重要前提。

1.2　云计算的发展

1.2.1　云计算简史

众所周知，云计算被视为科技界的下一次革命，它将带来工作方式和商业模式的根本性改变。追根溯源，云计算与并行计算和网络计算不无关系，更是虚拟化、效用计算、软件即服务（Software-as-a-Service，SaaS）、面向服务的体系结构（Service-Oriented Architecture，SOA）等技术混合演进的结果。那么，几十年来，云计算是怎样一步步演变过来的呢？

1983 年，太阳微系统公司（Sun Microsystems）提出"网络是电脑"（The Network is the Computer）的概念。

2006 年 3 月，亚马逊（Amazon）推出弹性计算云（Elastic Compute Cloud，EC2）服务。

2006 年 8 月 9 日，Google 首席执行官埃里克·施密特（Eric Schmidt）在搜索引擎大会（SES San Jose 2006）上首次提出"云计算"（Cloud Computing）的概念。Google"云端计算"源于 Google 工程师克里斯托弗·比希利亚所做的 Google 101 项目。

2007 年 10 月，Google 与 IBM 开始在美国大学校园，包括卡内基梅隆大学、麻省理工学院、斯坦福大学、加州大学伯克利分校及马里兰大学等，推广云计算的计划。这项计划希望能降低分布式计算技术在学术研究方面的成本，并为这些大学提供相关的软硬件设备及技术支持（包括数百台个人电脑及 BladeCenter 与 System x 服务器，这些计算平台将提供 1 600 个处理器，支持包括 Linux、Xen、Hadoop 等开放源代码平台），而学生则可以通过网络开发各项以大规模计算为基础的研究计划。

2008 年 2 月 1 日，IBM 宣布将在中国无锡太湖新城科教产业园为中国的软件公司建立全球第一个云计算中心（Cloud Computing Center）。

2008 年 7 月 29 日，雅虎、惠普和英特尔宣布一项涵盖美国、德国和新加坡的联合研究计划,推出云计算研究测试床,推进云计算。该计划要与合作伙伴创建 6 个数据中心作为研究试验平台,每个数据中心配置 1 400～4 000 个处理器。这些合作伙伴包括新加坡资讯通信发展管理局、德国卡尔斯鲁厄大学 Steinbuch 计算中心、美国伊利诺伊大学香槟分校、英特尔研究院、惠普实验室和雅虎。

2008 年 8 月 3 日,美国专利商标局网站信息显示,戴尔正在申请"云计算"(Cloud Computing)商标,此举旨在加强对这一未来可能重塑技术架构的术语的控制权。

2010 年 3 月 5 日,Novell 与云安全联盟(CSA)共同宣布了一项供应商中立计划,名为"可信任云计算计划"(Trusted Cloud Initiative)。

2010 年 7 月,美国国家航空航天局和包括 Rackspace、AMD、Intel、戴尔等在内的支持厂商共同宣布 OpenStack 开放源代码计划。微软在 2010 年 10 月表示支持 OpenStack 与 Windows Server 2008 R2 的集成,而 Ubuntu 已把 OpenStack 加至其 11.04 版本中。2011 年 2 月,思科系统也正式加入 OpenStack,重点研制 OpenStack 的网络服务。

1.2.2　云计算的演化

云计算主要经历了 4 个阶段才发展到现在这样比较成熟的水平,这 4 个阶段依次是电厂模式、效用计算、网格计算和云计算。

1. 电厂模式阶段

电厂模式就好比是利用电厂的规模效应,来降低电力的价格,并让用户使用起来更方便,且无须维护和购买任何发电设备。

2. 效用计算阶段

在 1960 年左右,当时计算设备的价格是非常高昂的,远非普通企业、学校和机构所能承受,所以很多人产生了共享计算资源的想法。1961 年,"人工智能之父"约翰·麦卡锡在一次会议上提出了"效用计算"这个概念,其核心借鉴了电厂模式,具体目标是整合分散在各地的服务器、存储系统以及应用程序来共享给多个用户,让用户能够像把灯泡插入灯座一样方便地来使用计算机资源,并且根据其用量来付费。但由于当时整个 IT 产业还处于发展初期,很多强大的技术还未诞生,比如互联网等,所以虽然这个想法一直为人称道,但是总体而言"叫好不叫座"。

3. 网格计算阶段

网格计算研究如何把一个需要非常巨大的计算能力才能解决的问题分成许多小的部分,然后把这些部分分配给许多低性能的计算机来处理,最后把这些计算结果综合起来攻克大问题。可惜的是，由于网格计算在商业模式、技术和安全性方面的不足，使得其并没有在工程界和商业界取得预期的成功。

4．云计算阶段

云计算的核心与效用计算和网格计算非常类似，也是希望 IT 技术能像使用电力那样方便，并且成本低廉。但与效用计算和网格计算不同的是，现在需求方面已经有了一定的规模，同时在技术方面也已经基本成熟了。

1.2.3　云计算的现状

近年来，云计算正在成为 IT 产业发展的战略重点，全球 IT 公司已经意识到这一趋势，纷纷向云计算转型，也带来了市场规模的进一步增长。目前，全球云计算产业的分布如下。

在提供云计算机服务方面，有亚马逊和阿里云为代表的先入者，它们对云计算市场的培育做出了巨大的贡献，也有着雄厚的人才资源、丰富的细分产品和庞大的数据中心；还有以华为、微软、谷歌、腾讯、百度等公司为代表的跟进者；以 Facebook 和网易为代表的黑马公司；以云创、青云、七牛云等为代表的创业公司；以及以 IBM、甲骨文为代表的传统 IT 企业。

在提供 IT 基础设施与系统集成服务方面，国内领先的厂商众多，有浪潮信息、华胜天成、浙大网新和华东电脑等；在 IaaS 运营维护方面，有中国电信、中国联通、中国移动、百度和世纪互联等；PaaS 云平台，有阿里云、华为等；SaaS 云应用软件，有阿里软件、三五互联、用友软件、焦点科技和东软集团等。

从行业区域的分布情况来看，已经有超过 20 个城市将云计算作为重点发展产业，中国云计算基础设施集群化分布的特征凸显，已初步形成以环渤海、长三角、珠三角为核心，成渝、东北等重点区域快速发展的基本竞争格局。前瞻产业研究院提供的《2016—2021 年中国云计算产业发展前景预测与投资战略规划分析报告》指出，我国云计算市场保持了高速增长态势，年均复合增长率高达 61.5%。

▲ 1.3　云计算的优势与益处

云计算具有显著的优势，特别是对中小型组织或企业而言，建立自己的 IT 基础架构成本高昂，需要专职人员的技术支持和维护。由于传统上很难实现这一点，因此决策者倾向于根据对未来需求的估计来购买新的硬件，这通常会导致购买的硬件资源超过实际需要使用的资源。

对于无法建立数据中心的组织或企业，云计算为其提供了基于需求的解决方案。服务提供商接管硬件的获取和维护，并且客户仅需要投资相对便宜的终端以访问云计算服务。同时，服务商配备专业的安全人员和服务器专家分别保护数据中心免受物理和数字网络攻击，并且消防安全专家确保数据中心物理结构上符合消防安全，无火灾水灾隐患。最后，大多数云计算服务提供商会对所有的数据进行强制备份，以保证数据的完整性。从用户的角度出发，使用云计算有以下优势与益处。

1．IT 设施资金投入的灵活性

与其不明就里地投入重金构建数据中心和服务器，不如使用云服务，只需在使用计算资源时付费，且只需按使用量付费，节省了企业的用电成本、空间成本及维护支出费用等。

2．基础设施资源动态所需

利用云计算一般可以避免出现昂贵的闲置资源，或者不必为有限的资源容量而苦恼。云计算提供任意规模的资源，可多可少，并根据需要扩展或缩减，一切只要几分钟就可完成。

3．无须投入运维成本

使用云计算不用关注基础设施的运行与维护，使用户可以专注于所开发的项目，卸下安装和维护服务器的繁重工作。

4．业务扩展快速

使用云计算服务，只需在云管理平台上通过简单的配置，即可在全世界的多个区域轻松部署应用程序，用最少的成本轻松地帮助用户获得较低的时间延迟和更好的用户体验。

1.4　云计算的缺点

云计算也存在着一些缺点，这也是为什么有些组织或企业坚持独立搭建服务器或数据中心的原因。

1．脱机

这是云计算最大的一个缺点，因为若是没有持续的网络连接能力，很多功能都无法实现，如无法接收邮件，无法编辑文档，更无法读取备份数据，从而导致无法进行工作。

2．故障

即服务方因某些原因出现故障而无法提供服务，所以一旦出现故障问题，用户就只能祈祷服务可以尽快恢复，并且故障的产生是不可预见的，如阿里云华北 2 区在 2019 年 2 月出现的故障问题，就导致了当时很多网站、APP 服务无响应。

3．隐私与安全

云解决方案最大的问题就是数据隐私安全问题。虽然数据在数据中心或服务器中是安全的，但通过互联网传输数据始终存在安全风险。

1.5　云计算的逻辑架构

云计算的应用基础是 Internet 的有效支持，对于云计算服务商提供的是计算资源服务，对于使用云计算的用户是付费购买服务，实现自身的业务发展。所以不论是用户角色还是访问方式，云计算都具有统一的逻辑架构，如图 1-1 所示。

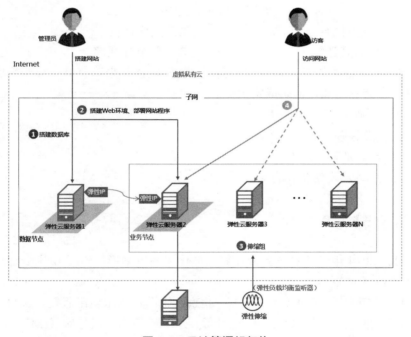

图 1-1　云计算逻辑架构

小结

本章主要介绍了云计算的概念、基本特征以及云计算的发展史；接着浅谈了云计算的优点；云计算作为一项成熟的技术，目前有着广泛的应用前景，同时强调了云计算可靠安全的数据存储、对用户端设备要求低、计算能力强、存储容量无限的特性；最后分析了云计算存在的问题，以及应用上的逻辑架构等。

习题

一、选择题

1. 云计算就是把计算资源都放到（　　）上。

A．对等网　　　　B．因特网　　　　C．广域网　　　　D．无线网

2. SaaS 是（　　）的简称。

A．软件即服务　　　　　　　B．平台即服务

C．基础设施即服务　　　　　D．硬件即服务

3. 微软于 2008 年 10 月推出的云计算操作系统是（　　）。

A．GoogleAppEngine　　　　B．蓝云

C．Azure　　　　　　　　　D．EC2

4. 云计算是对（　　）技术的发展与应用。

A．并行计算　　　　　　　　B．网格计算

C．分布式计算　　　　　　　D．三个选项都是

5. 云计算可以把普通的服务器或者 PC 连接起来以获得超级计算机的计算和存储等功能，但是成本更低。（　　）

A．正确　　　　B．错误

二、简答题

1. 什么是云计算？

2. 推动云计算发展的主要原因是什么？

参考文献

[1]　2014 年云计算大会云计算标准化体系草案形成[S]. 中国云计算，2014（3）.

[2]　朱明中. 走进云计算[M]. 北京：中国水利水电出版社，2011.

[3]　祁伟，刘冰，路士华. 云计算：从基础架构到最佳实践[M]. 北京：清华大学出版社，2013.

[4]　南京云创大数据科技有限公司 http://www.cstor.cn.

[5]　云计算世界 http://www.chinacloud.cn.

[6]　中国专业 IT 社区 CSDN http://www.csdn.net.

[7]　刘鹏. 云计算（第三版）[M]. 北京：电子工业出版社，2015.

[8]　刘鹏. 实战 Hadoop 2.0[M]. 北京：电子工业出版社，2017.

[9]　刘鹏. 大数据[M]. 北京：电子工业出版社，2017.

第 2 章

云服务

云计算服务通常被理解为以类似于其他基础设施服务的方式提供计算资源，如自来水来自水厂，电力来自发电厂，计算资源来自互联网中提供云计算服务的组织。如同居民用水用电并不需要理解水和电网是如何运作的方式一样，云计算服务消除了理解计算机组成结构及硬件资源安装方法的需要。

2.1 云服务部署模型

云计算服务有 4 种部署模型，每一种都具备独特的功能，可以满足用户不同的需求。

2.1.1 私有云

私有云（Private Cloud）是为一个客户单独使用而构建的，因而提供了对数据、安全性和服务质量的最有效控制。私有云拥有基础设施，并可以控制在此基础设施上部署应用程序的方式。既可以将它们部署在企业数据中心的防火墙内，也可以部署在一个安全的物理服务器托管场景，私有云的核心属性是专有资源。私有云服务提供了以资源和计算能力为主的云服务，包括硬件虚拟化、集中管理及弹性资源调度等。

2.1.2 公有云

公有云（Public Cloud）通常指第三方提供商为用户提供的能够使用的

云，一般可通过 Internet 访问使用。公有云有许多实例，可在整个开放的公有网络中提供服务，其最大的意义就是能够以低廉的价格，提供有吸引力的服务给最终用户，创造新的业务价值。作为一个支撑平台，其能够整合上游的服务（如增值业务、广告）提供者和下游的最终用户，打造新的价值链和生态系统。

公有云的网络安全问题可能发生在服务应用在线流量峰值期间，虽然公有云模型通过提供按需付费的定价方式通常具有成本效益，但在迁移和复制大量应用数据时，其服务费用会迅速增加。

2.1.3 混合云

混合云（Hybrid Cloud）是公有云和私有云两种服务方式的结合体。由于安全原因，并非所有企业都能在公有云上部署服务，大部分都是将应用部署在混合云模式上。混合云为弹性需求提供了一个很好的基础，比如灾难恢复，即私有云把公有云作为灾难转移的平台，并在需要的时候去使用它。混合云的理念是，使用公有云作为一个选择性的平台，同时选择其他的公有云作为灾难转移平台，以达到保护数据安全的目的。

由于混合云是不同的云平台、数据和应用程序的组合，因此整合可能是一项挑战。另外，在开发混合云时，基础设施之间也会出现兼容性问题。

2.1.4 社区云

社区云（Community Cloud）的功能与私有云类似，只是多个用户共享一个专用硬件实例。社区云是大的"公有云"范畴内的一个组成部分，指在一定的地域范围内，由云计算服务提供商统一提供计算资源、网络资源、软件和服务能力所形成的云计算形式。即基于社区内的网络互连优势和技术易于整合等特点，通过对区域内各种计算能力进行统一服务形式的整合，结合社区内的用户需求共性，实现面向区域用户需求的云计算服务模式。

此外，社区云是由一些有着类似需求并打算共享基础设施的组织共同创立的云，目的是实现云计算的一些优势。由于共同承担费用的用户数比公有云少，这种选择的费用往往比公有云的费用贵，但隐私度、安全性和政策遵从都比公有云高。

2.2 云服务的典型应用

2.2.1 云物联应用

实现物联网的核心应用是云计算。运用云计算模式，使物联网中数以兆计的各类物品的实时动态管理和智能分析变成可能。物联网通过将射频识别技术、传感器技术、纳米技术等新技术充分运用在各行各业之中，将各种物体充分连接，并通过无线等网络将采集到的各种实时动态信息送达计算处理中心，进行汇总、分析和处理。

从物联网的结构看，云计算将成为物联网的重要环节。物联网与云计算的结合必将通过对各种能力资源共享、业务快速部署、人物交互新业务扩展、信息价值深度挖掘等多方面的促进，带动整个产业链和价值链的升级与跃进。物联网强调物物相连，设备终端与设备终端相连，云计算能为连接到云上的设备终端提供强大的运算处理能力，以降低终端本身的复杂性，二者都是为满足人们日益增长的需求而诞生的。更多的云物联实例应用，可以访问万物云（http://www.wanwuyun.com）进行了解。

2.2.2　人工智能云服务应用

人工智能云服务一般也被称作 AIaaS（AI as a Service），这是目前主流的一种人工智能平台的服务方式，具体来说 AIaaS 平台会把几类常见的 AI 服务进行拆分，并在云端提供独立或者打包的服务。这种服务模式类似于开了一个 AI 应用商城，所有的开发者都可以通过 API 接口的方式来接入使用平台提供的一种或者多种人工智能服务，部分资深的开发者还可以使用平台提供的 AI 框架和 AI 基础设施来部署和运维自己专属的机器人。

国内典型的实例应用有腾讯云、阿里云、华为云、百度云。以腾讯云为例，目前平台提供了 25 种不同类型的人工智能服务，其中有 8 种偏重场景的应用服务，15 种侧重平台的服务，以及 2 种能够支持多种算法的机器学习和深度学习框架等。

AI 在全球的增长态势，很大一部分是通过云计算实现的。因为当一个 AI 应用运行深度学习模型，并且连续分析数千亿的数据时，这个过程将需要大量的存储、数据和计算，AI 将不可避免地迁移到云平台中。云为人工智能的深度学习提供平台，人工智能反过来提升云计算的"智商"，人工智能云服务框架结构如图 2-1 所示。

2.2.3　云服务应用支撑的行业应用

（1）云服务支持电力、电信、石油、自来水、燃气等各行业的设备管理、网络管理、图形管理、运行管理等多维度一体化管理。

（2）云服务支撑海量设备运行数据（如设备实时采集）的高效存储和检索，具有无限扩展能力。

（3）云服务支撑基础数据历史时态模型，实现对历史图形、设备属性、网络拓扑的历史追溯及性能分析。

（4）云服务支撑基础数据未来时态模型，实现对规划设计的支撑。

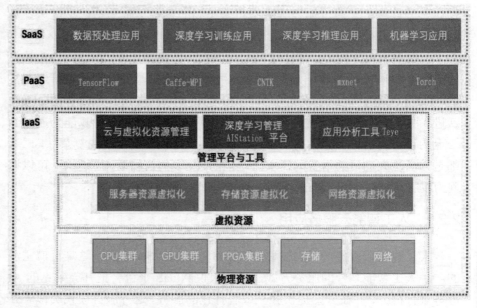

图 2-1　人工智能云服务框架结构

小结

本章主要介绍了云服务的概念和类型；然后对云服务的 4 种模型进行了部署说明及优缺点对比；最后从云服务的典型应用中理解云计算的发展趋势及广泛应用的行业。

习题

一、选择题

1. 基于平台服务，这种"云"计算形式把开发环境或者运行平台也作为一种服务提供给用户。用户可以把自己的应用运行在提供者的基础设施中，例如（　　）等公司提供了这种形式的服务。

A．Sun　　　　　B．Amazon．com　　　C．Yahoo Pipes　　　D．均是

2．"云"服务影响包括（　　）。

A．理财服务　　B．健康和个人服务　　C．交通导航服务　　D．均是

3．下面哪项不是 PaaS 的基本功能（　　）。

A．开发平台　　　　　　　　　　　B．运行环境

C．运营环境　　　　　　　　　D．超级计算

4．下列哪种云是最基础的云服务？（　　）

A．公有云　　　　B．私有云　　　　C．社区云　　　　D．混合云

5．"云"计算服务的可信性依赖于计算平台的安全性。（　　）

A．正确　　　　　B．错误

二、简答题

1．云服务的基本层次是什么？

2．简述在云平台上开发应用的优势。

参考文献

[1] 2014年云计算大会云计算标准化体系草案形成[S]．中国云计算，2014（3）．

[2] 朱明中．走进云计算[M]．北京：中国水利水电出版社，2011．

[3] 祁伟，刘冰，路士华．云计算：从基础架构到最佳实践[M]．北京：清华大学出版社，2013．

[4] 南京云创大数据科技有限公司 http://www.cstor.cn．

[5] 云计算世界 http://www.chinacloud.cn．

[6] 中国专业 IT 社区 CSDN http://www.csdn.net．

[7] 刘鹏．云计算（第三版）[M]．北京：电子工业出版社，2015．

[8] 刘鹏．实战 Hadoop 2.0[M]．北京：电子工业出版社，2017．

[9] 刘鹏．大数据[M]．北京：电子工业出版社，2017．

[10] 百度文库 http://www.baidu.com．

第 3 章

云计算体系结构与部署

　　云计算的创新性不仅体现在技术上，更体现在服务模式上。云计算基于对整个 IT 领域的变革，其技术和应用涉及硬件系统、软件系统、应用系统、运维管理及服务模式等各个方面，能够为用户带来更高的效率、更好的灵活性和可扩展性。

　　云计算使用户可以根据需求访问计算机和存储系统，将资源切换到需要的应用上。它以更低的成本把普通的服务器或者 PC 连接起来以获得超级计算机的计算和存储等功能。云计算解决了用户按需使用计算资源的困扰，有效地提高了对软、硬件资源的利用效率。云计算的出现使高性能并行计算不再是科学家和专业人士的专利，普通的用户也能通过它享受高性能并行计算所带来的便利，从而大大提高工作效率和计算资源的利用率。云计算模式中的硬件资源及运作方式对用户来说都是透明的，用户不需要了解服务器在哪里，也无须关心内部如何运作，通过高速互联网就可以透明地使用各种资源。

　　云计算作为一种全新的基于互联网的超级计算理念和模式，在具体实现时需要多种技术相结合，并且在软件的作用下实现将硬件资源进行虚拟化的管理和调度，从而形成一个可随时扩展的虚拟化资源池，把大量的存储于 PC、移动设备和其他设备上的信息以及处理器等资源集中在一起，协同工作。具体的云计算体系结构如图 3-1 所示。

　　按照大众化且通俗的理解，云计算就是把工作、生活、学习和娱乐等所需要的计算资源都放到互联网上，互联网构成了云计算时代的云。在这里，计算资源包括了计算机硬件资源（如计算机设备、存储设备、服务器集群及硬件服务等）和软件资源（如应用软件、集成开发环境及软件服务等）。

图 3-1　云计算体系结构

3.1　云计算基础架构

3.1.1　云计算的体系结构

自 1946 年世界上第一台计算机诞生以来，IT 部署架构就是"专机专用"系统，如图 3-2 所示。应用系统建立在各自独立的计算、存储及网络资源上，并不能实现共享。当应用系统 A 不工作或需要的资源量比较少而应用系统 B 所配置的资源不足时，应用系统 A 的资源并不能分享给应用系统 B 使用。

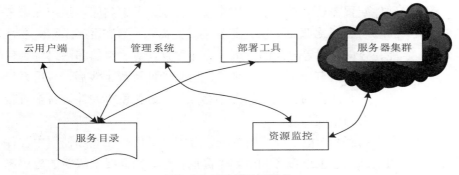

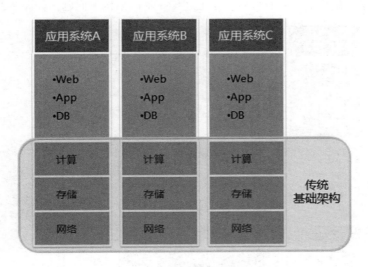

图 3-2　传统的 IT 部署架构

在这种架构中，当新的应用系统上线时，需要分析该应用系统的资源需求，确定基础架构所需的计算、存储及网络等设备的规格和数量。这种部署模式主要存在的问题有以下两点。

- ❑ 硬件配置需要高于当前应用系统的需求。考虑到应用系统在未来3~5年的业务发展，以及业务突发的需求，为满足应用系统在性能、容量承载等方面的需求，往往配置计算、存储和网络等硬件设备时会留有一定比例的余量。但是硬件资源上线后，应用系统在一定时间内的负载往往并不会太高，这就使得硬件设备配置较高，而利用率不高。

- ❑ 利用已有系统时，新、旧系统整合困难。用户在实际使用中往往也注意到了上述资源利用率不高的情形，当需要上线新的应用系统时，会优先考虑部署在已有的基础架构上。但因为不同的应用系统所需的运行环境对资源的抢占会有很大的差异，更重要的是考虑到可靠性、稳定性及运维管理问题，将新、旧应用系统整合在一套基础架构上的难度非常大。因此，更多的用户往往会选择重新购置应用系统所需要的计算、存储和网络等硬件设备，而不选择"利旧"。

因此，这种部署模式，也就造成了每套硬件与所承载应用系统的"专机专用"，多套硬件和应用系统构成了"烟囱式"部署架构，使得整体资源利用率不高，占用过多的机房空间和能源。随着应用系统的增多，IT资源的效率、扩展性及可管理性都面临巨大的挑战。

云基础架构的引入有效解决了上述传统基础架构的问题，如图3-3所示。

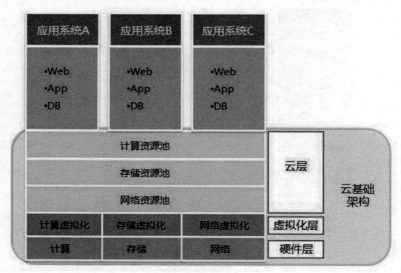

图 3-3　云计算融合模式部署架构

云基础架构在传统基础架构的计算、存储及网络硬件层的基础上，将计算、存储及网络等硬件层进行虚拟化构成了虚拟化层，并将虚拟化后的资源进行池化从而构成了云层。

- ❑ 虚拟化层：大多数云基础架构都广泛采用虚拟化技术，包括计算虚拟化、存储虚拟化、网络虚拟化等。通过虚拟化层，屏蔽了硬件层自身的差异和复杂度，向上呈现为标准化、可灵活扩展和收缩、弹性的虚拟化资源池。
- ❑ 云层：对资源池进行调配、组合，根据应用系统的需要自动生成、扩展所需的硬件资源，将更多的应用系统通过流程化、自动化的部署和管理，提升 IT 系统的效率。

相对于传统基础架构，云基础架构通过虚拟化整合与自动化，应用系统共享基础架构的资源池，实现了高利用率、高可用性、低成本、低能耗，并且通过云平台层的自动化管理，实现了快速部署、易于扩展、智能管理、帮助用户构建基础架构云业务的模式。

云基础架构的资源池使得计算、存储、网络以及对应虚拟化的单个产品和技术本身不再是核心，重要的是这些资源的整合，形成了一个有机的、可灵活调度和扩展的资源池，面向云应用实现自动化的部署、监控、管理和运维。

云基础架构资源的整合，对计算、存储、网络虚拟化提出了新的挑战，并带动了一系列网络、虚拟化技术的变革。在传统模式下，服务器、网络和存储是基于物理设备连接的，因此，针对服务器、存储的访问控制、QoS 带宽、流量监控等策略可以基于物理端口进行部署，管理界面清晰，并且设备及对应的策略是静态的、固定的。在云基础架构模式下，服务器、网络和存储安全采用了虚拟化技术，形成的资源池使得设备及对应的策略是动态变化的，如图 3-4 所示。

由于部署了虚拟化，一台独立的物理服务器变成了多个虚拟机，并且这些虚拟机是动态的，随着应用系统、数据中心环境的变化而迁移、增加或减少。例如图 3-4 中的 Server1，由于某种原因（例如 Server1 负载过高），其中的某个虚拟机 VM1 需要迁移到同一集群中的 Server2。此时如果要保持 VM1 的业务访问不会中断，需要实现 VM1 的访问策略能够从 Port1 随之迁移到 Port2，这就需要交换机能够感知到虚拟机的状态变化，并自动更新迁移前后端口上的策略。

这是一个简单的将计算虚拟化与网络融合联动的例子。最新 EVB（Ethernet Virtual Bridge，以太网虚拟桥接）标准中的 VEPA（Virtual Ethernet Port Aggregation，虚拟以太网端口聚合）即是实现这种融合联动方案的技术标准，其中包括了 VDP 虚拟机发现和关联、CDCP 虚拟机多通道转发等协议，通过标准化的主机与网络之间虚拟化信息的关联控制，实现虚拟化环境向物理环境的映射，使得虚拟机的服务变更可以通过网络感知以产生自动化响应。

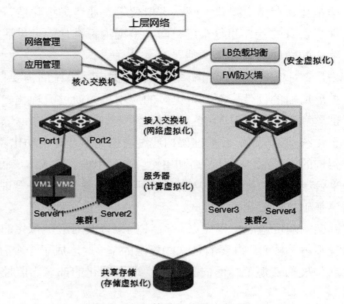

图 3-4 云基础架构融合部署

事实上，云基础架构融合的关键在于网络。目前计算虚拟化和存储虚拟化的技术已经相对成熟并自成体系，但就整个 IT 基础架构来说，网络是将计算资源池、存储资源池和用户连接在一起的纽带，只有网络能够充分感知到计算资源池、存储资源池和用户访问的动态变化，才能进行动态响应，维护网络连通性的同时，保障网络策略的一致性。否则，通过人工干预和手工配置，会大大降低云基础架构的灵活性、可扩展性和可管理性。

如图 3-3 所示，云基础架构分为三个层次的融合。

❑ 硬件层的融合。例如上文提到的 VEPA 技术和方案，就是将计算虚拟化与网络设备和网络虚拟化进行融合，实现虚拟机与虚拟网络之间的关联。此外，还有 FCoE（Fiber Channel over Ethernet，以太网光纤通道）技术和方案，将存储与网络进行融合，以及通过横向虚拟化、纵向虚拟化实现网络设备自身的融合。

❑ 业务层的融合。典型的方案是云安全解决方案。通过虚拟防火墙与虚拟机之间的融合，可以实现虚拟防火墙对虚拟机的感知、关联，确保虚拟机迁移、新增或减少时，防火墙策略也能够自动关联。此外，还有虚拟机与负载均衡（Load Balance，LB）之间的联动。当业务突发资源不足时，传统方案需要人工发现问题，再手工创建虚拟机，并配置访问策略，响应速度很慢，而且非常费时费力。通过自动探测某个业务虚拟机的用户访问和资源利用率情况，在业务突发时，自动按需增加相应数量的虚拟机，与 LB 联动进行业务负载分担；同时，当业务减小时，可以自动减少相应数量的虚拟机，节省资源。不仅有效解决了虚拟化环境中面临的业务突发问题，而且大大提升了业务响应的效率和智能化。

❑　管理层的融合。云基础架构通过虚拟化技术与管理层的融合，提升了 IT 系统的可靠性。例如，虚拟化平台可与网络管理、计算管理、存储管理联动，当设备出现故障影响虚拟机业务时，可自动迁移虚拟机，保障业务正常访问；此外，对于设备正常、操作系统正常，但某个业务系统无法访问的情况，虚拟化平台还可以与应用管理联动，探测应用系统的状态，例如 Web、APP、DB 等服务的响应速度，当某个应用无法正常提供访问时，自动重启虚拟机，恢复业务的正常访问。

虽然云计算涉及了很多产品与技术，表面上看起来的确有点纷繁复杂，但是云计算本身还是有迹可循和有理可依的，其架构如图 3-5 所示。

图 3-5　云计算的架构

图 3-5 所示的云计算的架构共分为服务和管理两大部分。

在服务方面，主要以提供用户基于云的各种服务为主，共包含三个层次：

（1）Software as a Service（软件即服务），即 SaaS，该层的作用是将应

用主要以基于 Web 的方式提供给客户。

（2）Platform as a Service（平台即服务），即 PaaS，该层的作用是将应用的开发和部署平台作为服务提供给用户。

（3）Infrastructure as a Service（基础设施即服务），即 IaaS，该层的作用是将各种底层的计算（如虚拟机）和存储等资源作为服务提供给用户。

从用户角度而言，这三层服务之间的关系是独立的，因为它们提供的服务是完全不同的，而且面对的用户也不尽相同。但从技术角度而言，云服务这三层之间的关系并不是独立的，而是有一定依赖关系的，例如一个 SaaS 层的产品和服务不仅需要使用到 SaaS 层本身的技术，而且还依赖 PaaS 层所提供的开发和部署平台或者直接部署在 IaaS 层所提供的计算资源上，另外，PaaS 层的产品和服务也很有可能构建于 IaaS 层服务之上。

在管理方面，主要以云管理层为主，它的功能是确保整个云计算中心能够安全和稳定地运行，并且能够被有效地管理。

3.1.2　云计算的数据中心

数据中心是一整套复杂的设施，它不仅包括计算机系统和其他与之配套的设备（例如通信和存储系统），还包含冗余的数据通信连接、环境控制设备、监控设备以及各种安全装置。当下，云计算即将成为信息社会的公共资源，而数据中心则是支撑云计算服务的基础设施。

云计算数据中心（Cloud Computing Data Centre）是一种基于云计算架构的、计算、存储及网络资源松耦合，各种 IT 设备完全虚拟化、模块化程度较高、自动化程度较高、具备较高绿色节能程度的新型数据中心。

云计算数据中心具有如下特点。

❑　高度的虚拟化，包括服务器、存储、网络、应用等虚拟化，用户可以按需调用各种资源。

❑　管理自动化，包括对物理服务器和虚拟服务器的管理、对相关业务的自动化流程管理、对客户服务的收费等自动化管理。

❑　绿色节能，云计算数据中心在各方面应该符合绿色节能标准，一般 PUE①（Power Usage Effectiveness，电源使用效率）值不超过 1.5。

在设计理念方面，云计算数据中心（或者说新一代数据中心）更加强调与 IT 系统协同优化，在满足需求的前提下，实现整个数据中心的最高效率和最低成本；而传统数据中心通常片面强调机房的可靠、安全、高标准，但

---

① PUE = 数据中心总设备能耗/IT 设备能耗，其是一个比值，基准是 2，越接近 1 表明能效水平越好。

与 IT 系统相互割裂，成本高昂。

传统的 IDC（Internet Data Center，互联网数据中心）大致可以分为托管型服务和用户自主服务两类模式，一类是服务器由用户自己进行购买，期间对设备的监控和管理工作也由客户自行完成。数据中心主要提供 IP 接入、带宽接入和电力供应等服务。另一类模式则是数据中心不仅提供管理服务，也向客户提供服务器和存储，客户无须自行购买设备就可以使用数据中心所提供的存储空间和计算环境。但是现在走进云计算时代的 IT 产业，在数据中心托管方面已经不再需要用户自己提供硬件设备了，大大提升了硬件设备的计算能力以及 IT 系统的可扩展性和可操作性。

云计算数据中心和传统 IDC 的区别主要表现在如下几个方面。

- 在资源集约化速度和规模上的区别。云计算是通过资源集约化实现的动态资源调配。传统 IDC 服务也能实现简单的集约化，但两者在资源整合速度和规模上有着很大的区别。传统 IDC，只是在硬件服务器的基础上进行有限的整合，例如多台虚拟机共享一台实体服务器的性能。但这种简单的集约化受限于单台实体服务器的资源规模，远远不如云计算那样跨实体服务器，甚至跨数据中心的大规模整合有效。

- 更重要的是，传统 IDC 提供的资源难以承受短时间内的快速再分配。

- 云计算和传统 IDC 在平台运行效率上的区别。更加灵活的资源应用方式和更高的技术提升，使云服务商可以集合优势创新资源，促进整个平台运作效率的提升。并且，和传统 IDC 服务不同，云计算使用户从硬件设备的管理和运维工作中解脱出来，专注于内部业务的开发和创新，由云服务商负责云平台本身的稳定。这种责任分担模式使整个平台的运行效率获得提升。

- 简单地说，云计算是在传统 IDC 服务上的延伸和发展。云计算是将多台计算节点连接成一个大型的虚拟资源池来提高计算效率，使资源再分配的效率和规模不受限于单台实体服务器甚至单个 IDC 数据中心。无论从交付/服务方式、资源分配规模、资源分配速度，还是整个平台的运行效率方面，相比传统 IDC 服务，云计算均有着极大的提升，这种提升将为各行业的企业和开发者创造更高的价值。

- 在服务类型上的区别。常用的传统 IDC 服务包括实体服务器托管和租用两类。前者是由用户自行购买硬件发往机房托管，期间设备的监控和管理工作均由用户单方独立完成，IDC 数据中心提供 IP 接入、带宽接入、电力供应和网络维护等；后者是由 IDC 数据中心租用实体设备给客户使用，同时负责环境的稳定，用户无须购买硬件设备。

❑ 而云计算提供的服务是从基础设施到业务基础平台，再到应用层的连续、整体的全套服务。云计算数据中心将规模化的硬件服务器整合虚拟到云端，为用户提供的是服务能力和 IT 效能。用户无须担心任何硬件设备的性能限制问题，可获得具备高扩展性和高可用的计算能力。

❑ 在资源分配时滞上的区别。众所周知，由于部署和配置实体硬件的缘故，传统 IDC 资源的交付通常需要数小时甚至数天，这将增加企业承受的时间成本，以及更多的精力消耗，并且难以做到实时、快速的资源再分配，且容易造成资源闲置和浪费。

❑ 云计算则通过更新的技术实现资源的快速再分配，可以在数分钟甚至几十秒内分配资源实现快速可用，并且云端虚拟资源池中庞大的资源规模使海量资源的快速再分配得以承受，并以此有效地规避资源闲置的风险。

❑ 收费模式的区别。传统数据中心一般按月或者按年收费，计算的标准就是机柜数量、带宽大小、用电量这些数据，这些数据是粗放型的，统计不够精确，往往造成很多资源的浪费。比如一个客户租下十个机柜，但实际上只用了 5 个，另外 5 个用于日后慢慢上线，但必须要提前支付这 10 个机柜的费用，这就让客户多花了不少钱。而云数据中心则不同，其甚至可以按照小时或者分钟收费，而客户使用的就是计算、带宽和存储数据，就像家里用的燃气费，只要不开启煤气灶，也不会花费燃气费，燃气表只有在打开燃气灶的时候才开始走，精确度量。云计算数据中心就是按照这样的模式来收费的，客户用了多少计算和带宽资源，就收多少费用，这个费用可以精确到分钟，为客户节省了开支。

放眼未来，在互联网行业，传统 IT 行业已经开始有越来越多的企业投身到数据中心的服务和运营当中，这其中囊括了很多行业内的龙头企业。也有专家指出，在未来的 5～10 年内，基于云计算的数据中心管理和服务模式将会变得更加普遍。

3.2　云计算部署模式

虽然从技术或者架构角度看，云计算都是比较单一的，但是在实际情况中，为了适应用户不同的需求，它会演变为不同的模式。在美国国家标准技术研究院（National Institute of Standards and Technology，NIST）的名为 *The NIST Definition of Cloud Computing* 的这篇关于云计算概念的著名文档中，定义了云的 3 种模式，分别是公有云、私有云和混合云。接下来，将详细介绍每种模式的概念、构建方式、优势、不足以及对未来的展望等。

3.2.1　公有云

公有云是现在最主流也是最受欢迎的云计算模式。它是一种对公众开放的云服务，能支持数目庞大的请求，而且因为规模的优势，其成本偏低。公有云由云供应商运行，为最终用户提供各种各样的 IT 资源。云供应商负责从应用程序、软件运行环境到物理基础设施等 IT 资源的安全、管理、部署和维护。在使用 IT 资源时，用户只需为其所使用的资源付费，无须任何前期投入，所以非常经济。而且在公有云中，用户不清楚与其共享和使用资源的还有哪些其他用户、整个平台是如何实现的，甚至无法控制实际的物理设施，所以云服务提供商能保证其所提供的资源具备安全和可靠等非功能性需求。

许多 IT 巨头都推出了它们自己的公有云服务，包括 Amazon 的 AWS、微软的 Windows Azure Platform、Google 的 Google Apps 与 Google App Engine、阿里巴巴的阿里云、腾讯的腾讯云等。一些过去著名的 VPS 和 IDC 厂商也推出了它们自己的公有云服务，例如 Rackspace 的 Rackspace Cloud 和国内世纪互联的 Cloud Ex 云快线、中国电信的天翼云等。

2017 年 7 月 26 日，"2017 可信云大会"在北京召开。中国信息通信研究院发布了最新的公有云发展调查报告，报告总体反映出了中国公有云发展的普遍情况。

报告显示，经过多年的发展，国内公有云逐步成熟。2016 年，公有云市场继续高速增长，行业竞争进一步加剧。为进一步掌握中国公有云的使用状况和发展特点，中国信息通信研究院开展了 2016—2017 年度中国公有云发展状况的调查。

2016 年，中国公有云市场整体规模达到 170.1 亿元，比 2015 年增长 66.0%。

预计 2016—2020 年中国公有云市场仍将保持高速增长态势，到 2022 年市场规模将达到 1 731.3 亿元。如图 3-6 所示。

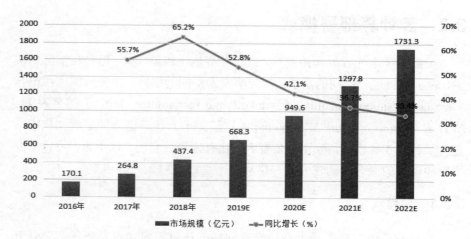

图 3-6 中国公有云市场规模及增速（亿元）

对市场规模进行细分后，三大服务的市场规模如下。

❑ IaaS 市场高速增长。2016 年，IaaS 的市场规模达到了 87.4 亿元，相比 2015 年增长了 108.1%，预计 2017 年仍将保持较高的增速。

❑ PaaS 市场规模相对较小。2016 年市场规模为 7.6 亿元，相比 2015 年增长了 46.2%。

❑ SaaS 市场稳定增长。2016 年市场规模达到 75.1 亿元，相比 2015 年增长了 35.8%。

近年来，用户对公有云的接受程度也在逐年增高。在接受调查的 2873 家企业中，已经应用云计算的企业有 1286 家，占 44.8%，与 2015 年的调查结果（19.4%）相比大幅提升。

目前，以政府、金融为代表的行业上云进程在加快，将成为未来云计算市场的重点目标客户群体，但是企业应用和数据迁移上云的比例还有待提高。在已经应用公有云的企业中，接近七成的企业应用和数据迁移上云的比例在 30%。企业应用公有云的主要原因是为了减少基础设施投资，这一比例占到了 58%。另外有 50.2% 的企业是为了快速地扩展资源，也有 9.4% 的企业应用公有云是出于政府或上级部门的要求。

1．构建公有云

构建公有云的方式，现在主要有以下 3 种。

❑ 独自构建。云供应商利用自身优秀的工程师团队和开源的软件资源，购买大量零部件来构建服务器、操作系统，乃至整个云计算中心。这种独自构建的好处是，能为自己的需求做最大限度的优化，但是需要具备一个非常专业的工程师团队，所以在业界利用这种方式构建公有云的基本上比较少，只有技术力量雄厚的 IT 巨头可以实现，如 Google、阿里巴巴、腾讯等。

- 联合构建。云供应商在构建公有云的时候，在部分软硬件上会选择商业产品，而在其他方面则会选择自建。联合构建的好处是避免自己的团队涉足一些不熟悉的领域，而在自己所擅长的领域上大胆创新。这方面最明显的例子莫过于微软，在硬件方面，它并没有像 Google 那样选择自建，而是采购了惠普和戴尔的服务器，但是在其擅长的软件方面则选择了自主研发，如采用了 Windows Server2008、IIS 服务器和.NET 框架。

- 购买商业解决方案。由于有一部分云供应商在建设云之前缺乏相关的技术积累，所以会稳妥地购买比较成熟的商业解决方案。这样购买商业解决方案的做法虽然很难提升云供应商自身的竞争力，但是在风险方面和前两种构建方式相比，它更稳妥。在这方面，无锡的云计算中心是一个不错的典范。例如，无锡购买了 IBM 的 Blue Cloud 云计算解决方案，所以在半年的时间内就能向整个高新技术园区开放公有云服务，而且在这之前，无锡基本上没有任何与云计算相关的技术储备。

2．公有云的优越性

公有云在许多方面都有其优越性，下面是其中 4 个。

- 规模大。因为公有云的公开性，它能聚集来自于整个社会并且规模庞大的工作负载，从而产生巨大的规模效应。例如，能降低每个负载的运行成本或者为海量的工作负载做更多优化。

- 价格低廉。由于对用户而言，公有云完全是按需使用的，无须任何前期投入，所以与其他模式相比，公有云在初始成本方面有着非常大的优势。而且就像上面提到的那样，随着公有云的规模不断增大，它将不仅使云供应商受益，而且也会相应地降低用户的开支。

- 灵活。对用户而言，公有云在容量方面几乎是无限的，就算用户所需求的容量近乎疯狂，公有云也能非常快地满足其要求。

- 功能全面。公有云在功能方面非常丰富，例如支持多种主流的操作系统和成千上万个应用。

3．公有云的不足之处

在中国信息通信研究院 2017 年发布的调查报告中指出，企业尚未应用公有云的主要原因是对其安全性存在担忧，这一比例达到了 57.8%，如图 3-7 所示。安全问题一直限制着公有云的发展。

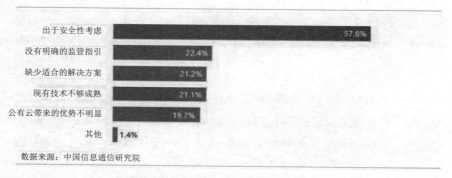

数据来源：中国信息通信研究院

图 3-7 企业尚未应用公有云的原因分析

另外，因为公有云不支持遗留环境也导致在部分场合无法应用公有云。由于现在公有云技术基本上都是基于 x86 架构的，在操作系统上普遍以 Linux 或者 Windows 为主，所以对于大多数遗留环境没有很好地支持，如基于大型机的 Cobol 应用。

4．对公有云未来的展望

由于公有云在规模和功能等方面的优势，它会受到绝大多数用户的欢迎。从长期而言，毋庸置疑，公有云将像公共电厂那样成为云计算最主流甚至是唯一的模式，因为其在规模、价格和功能等方面的潜力实在太大了。但是在短期之内，因为安全和遗留等方面的不足会降低公有云对企业的吸引力，特别是大型企业。

通过调查，发现未来企业对政府/政策上的需求主要集中在以下两点：

❑ 互联网安全等级保护和可信云认证是企业最看重的资质。调查发现，九成以上的受访企业认为云服务商需要具备相关资质。其中，企业对互联网安全等级保护（69.6%）和可信云（65.2%）认可度最高，安全可信已成为企业用户的首要需求，如图 3-8 所示。

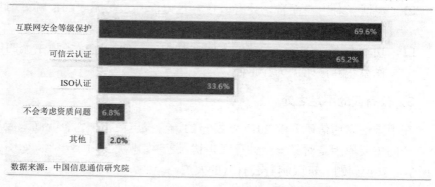

数据来源：中国信息通信研究院

图 3-8 企业认为公有云服务商需要具备的资质

❑ 开展第三方安全和质量认证有助于推动公有云市场的发展。在改善公有云市场环境的政策调查中，62.0%的受访企业选择了第三方安全和质量认证，占比最高；其次，48.8%的企业认为政府需要进一步完善公有云市场监督管理政策；另外，分别有 28.5%和 20.8%的企业认为应该制定规范云服务行业的技术标准和加强技术人员技能认证，从技术层面推动公有云市场的发展，如图3-9 所示。

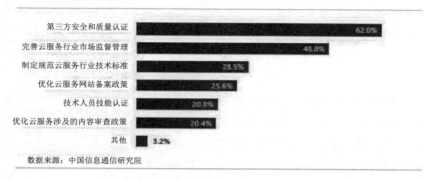

图 3-9　改善公有云发展的措施

3.2.2　私有云

关于云计算，虽然人们谈论最多的莫过于以 Amazon EC2 和 Google App Engine 为代表的公有云，但是对许多大中型企业而言，因为很多限制和条款，它们在短时间内很难大规模地采用公有云技术。可是它们也期盼云计算所带来的便利，所以引出了私有云这一云计算模式。私有云是将云基础设施与软硬件资源部署在内网之中，供机构或企业内各部门使用的云计算部署模式。私有云主要为企业内部提供云服务，不对公众开放，在企业的防火墙内工作，并且企业 IT 人员能对其数据、安全性和服务质量进行有效地控制。与传统的企业数据中心相比，私有云可以支持动态灵活的基础设施，降低 IT 架构的复杂度，使各种 IT 资源得以整合和标准化。

2018 年 3 月，中国信息通信研究院发布了《中国私有云发展调查报告（2018 年）》，该报告指出在 2017 年，在国家相关政策的大力推动下，中国私有云市场得以进一步发展。与 2016 年相比，以工业、政务、医疗为代表的传统行业上云进程加快。私有云市场得到越来越多云服务商、系统集成商、IDC 服务商、各行业用户以及新进入者的广泛关注。2017 年，中国私有云市场规模达到 426.8 亿元，相比 2016 年增长 23.8%。预计 2018—2021 年中国私有云市场增速仍将保持稳定，到 2021 年市场规模将达到 955.7 亿元，如图 3-10 所示。

数据来源：中国信息通信研究院

图 3-10 中国私有云市场规模及增速（亿元）

安全性和可控性依旧是企业选择使用私有云最重要的因素。与 2016 年相比，企业对于可控性的关注度有了较大幅度的提升（8.1%）。除此之外，企业在选择私有云时考虑的其他因素还包括方便系统迁移（32.2%）、有效利用原有 IT 资源（26.9%）以及节省 IT 支出（17.2%），如图 3-11 所示。

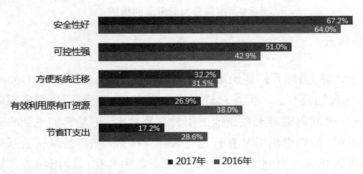

数据来源：中国信息通信研究院

图 3-11 企业选择使用私有云的考虑因素

在私有云界，商用的解决方案主要有两大联盟：其一是 IBM 与其合作伙伴，主要推广的解决方案有 IBM Blue Cloud 和 IBM Cloud Burst；其二是由 VMware、Cisco 和 EMC 组成的 VCE 联盟，它们主推的是 Cisco UCS 和 vBlock。另外，随着开源私有云方案越来越成熟，也有越来越多的企业选择利用开源的 OpenStack 或 CloudStack 软件来构建私有云平台。在中国信息通信研究院发布的《中国私有云发展调查报告（2018 年）》中，统计出 2017 年 85.3% 的企业对开源的私有云管理平台表示认可，比 2016 年提高了 2.1%。开源技术的不断完善以及国家相关政策的出台，将会进一步提高企业对于开源技术的接受程度。

中国 ICT（信息与通信技术）产业权威的市场研究和咨询机构，计世资讯（CCW Research）通过对市场中各厂商进行系统的评估，了解到目前私有云市场已经成为各云厂商竞争的重点，涉及虚拟化、云管理平台、服务器、存储、网络等多个方向的相关解决方案层出不穷。当前私有云市场参与厂商众多，竞争逐渐呈现多元化趋势。如图 3-12 所示，从厂商来源来看，公有云厂商、传统 IT 厂商、电信运营商、系统集成商、开源创业型公司等几类厂商都已经参与到了私有云市场的竞争中。华为、新华三、中国电信、浪潮以及 VMware 等厂商目前在私有云市场中展现出了各自的发展特点，是目前市场中处于领导位置的厂商，这其中国产厂商呈现主导趋势。

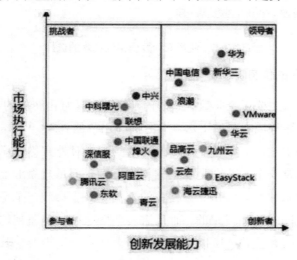

图 3-12　2016—2017 年私有云市场各品牌竞争力分析

1. 私有云创建方式

私有云的创建方式主要有以下两种。

❑　独自构建。通过使用诸如 Enomaly 和 Eucalyptus 等软件将现有硬件整合成一个云，这比较适合预算少或者希望重用现有硬件的企业。据中国信息通信研究院的统计，56.3%的受访企业倾向于选择利用已有硬件，采用单独购买软件及服务的方式部署私有云。硬件设备标准化程度和软件异构能力的提升，极大地增强了技术架构上的灵活性和扩展性。

❑　购买商业解决方案。通过购买 Cisco 的 UCS、IBM 的 Blue Cloud、VMware 的 Horizon 等方案一步到位，这比较适合那些有实力的企业和机构。相比于开源技术的灵活性，商业解决方案的成熟及稳定性仍然吸引了一半以上的企业购买。企业对云计算虚拟化技术的选择，如图 3-13 所示。

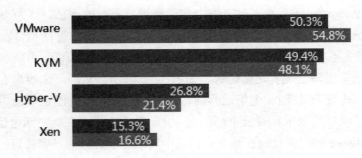

数据来源：中国信息通信研究院

图 3-13 企业对云计算虚拟化技术的选择

2. 私有云的优势

由于私有云主要在企业数据中心内部运行，并且由企业的 IT 团队来进行管理，所以这种模式在如下这 5 个方面有出色的表现。

❑ 数据安全。虽然每个公有云的供应商都对外宣称其服务在各方面都非常安全，特别是在数据管理方面，但是对企业而言，特别是大型企业而言，和业务相关的数据是其生命线，是不能受到任何形式的威胁和侵犯的，而且需要严格地控制和监视这些数据的存储方式和位置。所以短期而言，大型企业是不会将其关键应用部署到公有云上的。而私有云在这方面是非常有优势的，因为它一般都构筑在防火墙内，企业会比较放心。

❑ 服务质量。因为私有云一般在企业内部，而不是在某一个遥远的数据中心，所以当公司员工访问那些基于私有云的应用时，它的服务质量会非常稳定，不会受到远程网络偶然发生异常的影响。

❑ 能够充分利用现有硬件资源。每个公司，特别是大公司，都会存在很多低利用率的硬件资源，可以通过一些私有云解决方案或者相关软件，让它们重获"新生"。

❑ 支持定制和遗留应用。现有公有云所支持应用的范围都偏主流——x86 架构，对一些定制化程度高的应用和遗留应用就很有可能束手无策，但是这些往往都属于一个企业最核心的应用，如大型机、UNIX 等平台的应用。此时，私有云将是一个不错的选择。

❑ 不影响现有 IT 管理的流程。对大型企业而言，流程是其管理的核心，如果没有完善的流程，企业将会成为一盘散沙。实际情况是，不仅企业内部和业务有关的流程非常多，而且 IT 部门的自身流程也不少，并且大多都不可或缺。在这方面，私有云的适应性比公有云好很多，因为 IT 部门能完全控制私有云，这样他们有能力使私有云比公有云更好地与现有流程进行整合。

3．私有云的不足之处

私有云也有其不足之处，主要是成本开支高，因为建立私有云需要很高的初始成本，特别是需要购买大厂家的解决方案时更是如此；其次，产业亟待推动传统运维向云运维转型，提高自动化水平，私有云平台的基础功能有待提升。在已经应用私有云的企业中，40.6%的企业认为运维系统功能不完备是目前应用私有云存在的主要问题，比 2016 年上升了 5.2%，因此云服务商所提供的运维系统仍然有较大的优化空间。

4．对私有云未来的展望

在将来很长一段时间内，私有云将成为大中型企业最认可的云模式，而且将极大地增强企业内部的 IT 能力，并使整个 IT 服务围绕着业务展开，从而更好地为业务服务。

在私有云的运维模型方面，越来越多的企业选择将运维服务交由私有云服务商或第三方服务商负责，自动化运维兴起。据调查，由于企业自身运维团队实力较弱、经验不足以及运维成本居高不下等原因，54.7%的企业选择将运维服务外包。2017 年，企业选择自主运维和自动化运维的比例分别为 25.3%和 17.6%，与 2016 年相比分别上升 3.2%和 2.3%，如图 3-14 所示。

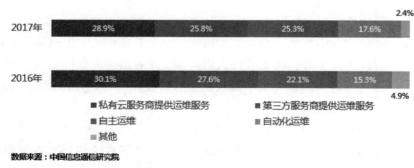

图 3-14　企业私有云运维模式

3.2.3　混合云

混合云融合了公有云和私有云，是近年来云计算的主要模式和发展方向。私有云主要是面向企业用户，出于安全考虑，企业更愿意将数据存放在私有云中，但是同时又希望可以获得公有云的计算资源，在这种情况下混合云被越来越多地采用，它将公有云和私有云进行混合和匹配，以获得最佳的效果，这种个性化的解决方案，达到了既省钱又安全的目的。

混合云是让用户在私有云的私密性和公有云的灵活与低廉之间做一定权衡的模式。例如，企业可以将非关键的应用部署到公有云上来降低成本，而将安全性要求很高及非常关键的核心应用部署到完全私密的私有云上。

混合云具有如下特点。

❑ 更完美。私有云的安全性是超越公有云的，而公有云的计算资源又是私有云无法企及的。在这种矛盾的情况下，混合云完美地解决了这个问题，它既可以利用私有云的安全，将内部重要数据保存在本地数据中心；同时也可以使用公有云的计算资源，更高效快捷地完成工作，相比私有云或是公有云都更完美。

❑ 可扩展。混合云突破了私有云的硬件限制，利用公有云的可扩展性，可以随时获取更高的计算能力。企业通过把非机密功能移动到公有云区域，可以降低对内部私有云的压力和需求。

❑ 更节省。混合云可以有效地降低成本。它既可以使用公有云又可以使用私有云，企业可以将应用程序和数据放在最适合的平台上，以获得最佳的利益组合。

现在混合云的例子最相关的就是 Amazon VPC（虚拟私有云 Virtual Private Cloud）和 VMware vCloud 了。例如，通过 Amazon VPC 服务能将 Amazon EC2 的部分计算能力接入到企业的防火墙内。

1. 混合云的构建方式

混合云的构建方式有以下两种。

❑ 外包企业的数据中心。企业搭建了一个数据中心，但具体维护和管理工作都外包给专业的云供应商，或者邀请专业的云供应商直接在厂区内搭建专供本企业使用的云计算中心，并在建成之后，负责今后的维护工作。

❑ 购买私有云服务。通过购买 Amazon 等云供应商的私有云服务，能将一些公有云纳入企业的防火墙内，并且在这些计算资源和其他公有云资源之间进行隔离，同时获得极大的控制权，也免去了维护之苦。

2. 混合云的优势

通过使用混合云，企业可以享受接近私有云的私密性和接近公有云的成本，并且能快速接入大量位于公有云的计算能力，以备不时之需。

3. 混合云的不足之处

虽然现在有很多的人呼吁使用混合云，因其可以利用私有云与公有的好处，但混合云也不是完全没有缺点的，它仍旧包含了一些安全障碍。

（1）缺少数据冗余。公有云提供商提供重要的资源，以确保其基础架构在终端用户需要时有效且可访问。尽管云提供商尽了最大努力，但问题仍不可避免。

大量宣传的宕机事件突出了将应用运转在单一数据中心且没有在其他数据中心进行故障恢复的风险。云架构师需要跨数据中心的冗余来减轻单一数据中心宕机的影响。缺少数据冗余对于混合云来说可能是严重的安全风险，尤其是如果数据冗余备份没有跨数据中心分布。在数据中心之间转移虚拟机（VM）实例比在大型数据集之间容易得多。

云架构师可以使用一个厂商的多个数据中心实现数据冗余，也可以使用多个公有云厂商或者混合云来实现。同时可以用混合云改善业务的连续性，因为这并不是实现这个模型的唯一原因。同时使用来自单一厂商的多个数据中心，可以节省成本，达到减少类似风险的目的。

（2）法规遵从。维护和证明混合云法规遵从更加困难，因为不但要确保公有云提供商和私有云提供商符合法规，而且必须证明两个云之间的协调是顺从的。

此外，还需要确保数据不会从一个私有云上的法规遵从数据中心转移到一个较少安全性的公有云存储系统。内部系统使用的预防漏洞的方法可能不会直接转化到公有云上。

（3）拙劣构架的服务水平协议（SLA）。公有云提供商可能会始终如一地符合 SLA 中详细说明的期望，但是私有云是否有同样的 SLA？如果没有，可能需要基于两个云的期望创建 SLA，而且很可能就是基于私有云。

例如，如果一个私有云的关键业务驱动在本地保存敏感和机密数据，那么 SLA 应该体现出在公有云中使用这些服务的限制性。

（4）风险管理。从业务的角度，信息安全是管理风险的。云计算（尤其是混合云）使用新的应用程序接口（API），要求复杂的网络配置，并对传统的系统管理员的知识和能力范围造成挑战。

这些因素引入了新型的威胁。因为云计算并不像内部基础架构一样安全，混合云是个复杂的系统，而管理员若是在管理上经验有限，可能就会造成风险。

（5）安全管理。现有的安全控制，如身份认证、授权和身份认证管理需要在公有云和私有云中共同工作。整合这些安全协议，只能选择其一：在两个云中复制、控制并保持安全数据同步，或者使用身份认证管理服务，提供单一的服务运转在云端。在计划时间阶段分配足够的时间，以便解决这些相当复杂的整合问题。

4. 对混合云未来的展望

混合云比较适合那些想尝试云计算的企业和面对突发流量但不愿将企业 IT 业务都迁移至公有云的企业。虽然混合云不是长久之计，但是它应该也会有一定的市场空间，并且也将会有一些厂商推出类似的产品。

小结

本章首先对云计算的基础架构与部署模式进行了介绍，分析了传统的 IT 部署架构所带来的资源利用率不高的缺陷，与云计算基础架构的优势进行了比较；然后介绍了云计算部署的 3 种常用模式，即公有云、私有云和混合云，并分析了每种模式的概念、构建方式、优势与不足。

习题

简答题

1. 相比于传统 IT 部署架构，云计算基础架构有哪些优势？
2. 云计算部署模式有哪几种？分析每种模式的优势与不足。
3. 云计算服务包含哪几个层次，每一层次的作用是什么？

参考文献

[1] 董晓霞，吕廷杰. 云计算研究综述及未来发展[J]. 北京邮电大学学报：社会科学版，2010，12（5）：76-81.

[2] 吴俊，徐溟. 公有云服务计费模式比较研究[J]. 电信科学，2012，28（1）：127-132.

[3] 黄梁，陈鲁敏，王加兴，等. 企业私有云平台建设研究[J]. 机电工程，2014，31（8）：1090-1093.

[4] 朱智强. 混合云服务安全若干理论与关键技术研究[D]. 武汉：武汉大学，2011.

[5] 徐保民，倪旭光. 云计算发展态势与关键技术进展[J]. 中国科学院院刊，2015（2）.

[6] 云计算的架构 http://www.uml.org.cn/yunjisuan/201304171.asp.

[7] 中国私有云发展调查报告（2018 年）http://www.caict.ac.cn/kxyj/

qwfb/ztbg/ 201804/P020180321359612295024.pdf.

[8]　计世资讯《2016—2017 年中国私有云市场现状与发展趋势研究报告》（简版）http://www.360doc.com/content/17/1110/09/3175779_702579821.shtml.

[9]　混合云计算面临哪些安全问题　https://searchcloudcomputing.techtarget.com.cn/5-7681/.

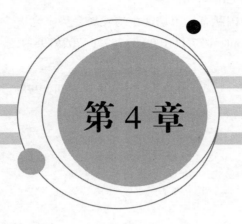

第 4 章

云计算主要技术

云计算是大规模分布式计算技术及其配套商业模式演进的产物，它的发展主要依赖于虚拟化、分布式处理、数据存储与管理、编程模式、信息安全等各项技术的共同发展。近年来，托管、后向收费、按需交付等商业模式的演进也加速了云计算市场的转折。云计算不仅改变了信息提供的方式，也转变了传统商业模式。本章主要从 4 个方面详细讲解云计算的核心技术。

4.1 分布式处理技术

在信息爆炸的时代，数据的产生呈现指数增长，那么该如何实时、高效地处理海量数据并保证数据的高可靠性？云计算通常会采用分布式处理技术，将海量数据资源计算、存储在不同的物理设备中，不仅摆脱了硬件设备的限制，同时扩展性更好，能够快速响应用户需求的变化。

4.1.1 分布式数据存储

传统的数据存储系统采用集中的存储服务器存放所有数据，计算节点与存储节点分开，当执行计算任务时数据向计算迁移，因此存储服务器成了系统性能的瓶颈，不能满足大规模存储应用的需要。而分布式存储系统采用了可扩展的系统结构，利用多台存储服务器分担存储负荷，利用位置服务器定位存储信息，提高了系统的可靠性、可用性和存取效率。

分布式数据存储致力于解决海量数据的可扩展存储问题，如图 4-1 所示，就是将数据分散存储到多个数据存储服务器上，利用服务器的 HDD、

SSD 等存储介质组成一个大规模存储资源池并提供各种外部可以访问的接口。分布式存储目前大多借鉴 Google 的经验，在众多的服务器上搭建一个分布式文件系统，再在这个分布式文件系统上实现相关的数据存储业务。关于分布式文件系统将在 4.1.2 节中做详细介绍。

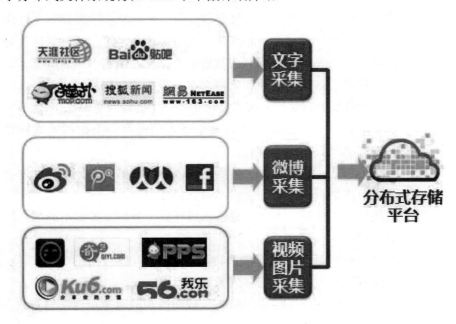

图 4-1　分布式数据存储示意图

4.1.2　分布式文件系统

分布式文件系统（Distributed File System）是指文件系统管理的物理存储资源不一定直接连接在本地节点上，而是通过计算机网络与节点相连。在当前云计算领域，Google 的 GFS 和 Hadoop 开发的开源系统 HDFS 是比较流行的两种云计算分布式文件系统。

- ❑ GFS（Google File System）技术：GFS 是一个可扩展的分布式文件系统，用于大型的、分布式的、对大量数据进行访问的应用。它运行于廉价的普通硬件上，并提供容错功能，可以为大量的用户提供总体性能较高的服务。GFS 云计算平台满足大量用户的需求，并行地为大量用户提供服务，使得云计算的数据存储技术具有了高吞吐率和高传输率的特点。

- ❑ HDFS（Hadoop Distributed File System）技术：HDFS 是一个高度容错性的系统，支持多媒体数据和流媒体数据访问，可以高效率访问大型数据集合，数据保持严谨一致，适合部署在廉价机上使得成本降低，部署效率提高。HDFS 是一个主从结构，由名字节点和数据节点组成；名字节点即一个管理文件命名空间和调节客户端访问文件的主服务器；数据节点即一个节点一个机器，用来管理对应节点的存储。存储机制是将一个文件分割成一个或多个块，这些块被存储在一组数据节点中。名字节点用来操作文件命名空间的文件或目录，如打开、关闭、重命名等，同时确定块与数据节点的映射，数据节点负责来自文件系统客户的读写请求，并执行块的创建、删除和来自名字节点的块复制等指令。

可用于大规模数据存储的分布式文件系统，主要特点总结如下。

❑ 高可靠性：云存储系统支持多个节点间保存多个数据副本的功能，以提供数据的可靠性。

❑ 高可访问性：根据数据的重要性和访问频率将数据分级多副本存储、热点数据并行读写，提高可访问性。

❑ 在线迁移：存储节点支持数据在线迁移，复制、扩容不影响上层的应用。

❑ 自动负载均衡：根据监控当前系统的负荷，以块为最小数据单位，将原有节点上的数据迁移到新增节点上。

❑ 分布式数据库：能够实现动态负载均衡和故障节点自动接管。

4.1.3 分布式资源管理框架

考虑到数据共享、资源利用率、运维成本等因素，通常会把不同的计算框架部署到一个公共的集群中，使其共享计算资源，而不同的工作往往需要的 CPU、内存、网络 I/O 等资源也不等，运行在同一个集群中会因为相互干扰、资源竞争导致运行效率低下，因此就诞生了资源统一管理与调度平台，目前典型代表是 Mesos 和 YARN。

Mesos 是 Apache 下的开源分布式资源管理框架，它被称为分布式系统的内核。其最初是由加州大学伯克利分校的 AMP Lab 开发的，后在 Twitter 得到了广泛使用。

YARN（Yet Another Resource Negotiator）是 Apache Hadoop 计算框架中构建的一个独立的、通用的资源管理系统，可为上层应用提供统一的资源管理和调度，它的引入为集群在利用率、资源统一管理和数据共享等方面带来了巨大好处。

二者之间的区别如下。

❑ Mesos 和 YARN 都采用双层调度机制，即资源管理系统层和资源调度层，但资源分配程度不同。Mesos 只负责为计算框架提供资源，具体的资源分配由计算框架自己实现；而 YARN 则从计算框架中分离出资源管理，自己全权负责资源分配及调度。

❑ Mesos 是分布式资源管理框架，更为通用。而 YARN 则是 Hadoop 1.0 到 Hadoop 2.0 升级优化分离出来的统一资源管理系统，具有一定的局限性。

❑ Mesos 统一管理集群 CPU、内存、硬盘等资源；而 YARN 是基于 HDFS（分布式文件系统）的基础上统一管理集群 CPU 和内存资源。

❑ Mesos 采用 Linux Container 对多计算框架共享资源进行隔离；而 YARN 则是通过进程隔离，这一点 YARN 的性能比较好。

针对本节内容中应用场景的部署体验，可访问 http://bd.cstor.cn/实验平台的 Hadoop 实验部分。

4.2　虚拟化技术

虚拟化（Virtualization）是云计算最重要的组成部分，在形式上打破了冯·诺依曼体系架构，其使用软件的方法重新定义资源划分，实现资源的动态分配、灵活调度、跨域共享，提高资源利用率，为云计算服务提供基础架构层面的支撑。通过虚拟化技术将一台计算机虚拟为多台逻辑计算机，每个逻辑计算机可运行不同的操作系统，并且应用程序都可以在相互独立的空间内运行而互不影响，从而显著提高计算机的工作效率。可以说，没有虚拟化技术也就没有云计算服务的落地与成功。随着云计算应用的快速发展，业内对虚拟化技术的重视也提到了一个新的高度。

从技术上讲，虚拟化是一种在软件中仿真计算机硬件，以虚拟资源为用户提供服务的计算形式，旨在合理调配计算机资源，使其更高效地提供服务。它把各硬件间的物理划分打破，从而实现架构的动态化、实现物理资源的集中管理和使用。虚拟化的最大好处是增强系统的弹性和灵活性、降低成本、改进服务、提高资源利用效率。

从表现形式上看，虚拟化又分两种应用模式：一是将一台性能强大的服务器虚拟成多个独立的小服务器，服务不同的用户；二是将多个服务器虚拟成一个强大的服务器，完成特定的功能，从而达到资源的统一管理与动态分配。在实际的生产环境中，虚拟化技术主要用来解决高性能的物理硬件产能过剩和老旧的硬件产能过低的重组重用，透明化底层物理硬件以实现最大化的利用。

Hypervisor 是一种运行在基础物理服务器和操作系统之间的中间软件层，是虚拟化技术的核心，可允许多个操作系统和应用共享硬件资源，即VMM（Virtual Machine Monitor）虚拟机监视器。当服务器启动并执行Hypervisor 时，它会加载所有虚拟机客户端的操作系统，同时会分配给每一台虚拟机适量的内存、CPU、网络和磁盘等资源。下面介绍虚拟化技术的分类。

4.2.1 完全虚拟化

最流行的虚拟化方法，使用 Hypervisor 在虚拟服务器和底层硬件之间建立一个抽象层。VMware 和 Virtual PC 是代表该方法的两个商用产品，而基于内核技术的 KVM 是面向 Linux 系统的开源产品。

Hypervisor 运行在硬件上充当主机操作系统，可以捕获 CPU 指令，为指令访问硬件控制器和外设提供媒介。完全虚拟化技术几乎能让任何一款操作系统不用改动就能安装到虚拟服务器上，而它们并不知道自己运行在虚拟化环境下，如图 4-2 所示。

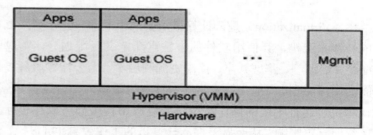

图 4-2　完全虚拟化架构示意图

4.2.2 准虚拟化

完全虚拟化是处理器密集型技术，因为由 Hypervisor 管理各个虚拟服务器，并保证彼此独立运行。减轻这种负担的一种方法是改动客户的操作系统，让它以为自己运行在虚拟环境下，能够与 Hypervisor 协同工作，这种方法就叫准虚拟化。

Xen 是开源准虚拟化技术的一个成功实例，操作系统作为虚拟服务器在 Xen Hypervisor 上运行之前，必须在核心层面进行某些改变。因此，Xen适用于 BSD、Linux、Solaris 及其他开源操作系统。

准虚拟化技术的优点是性能高，经过准虚拟化处理的服务器可与Hypervisor 协同工作，响应速度几乎与未经过虚拟化处理的服务器相当。准虚拟化与完全虚拟化相比优点明显，以至于微软和 VMware 等公司都在研发这项技术，以完善各自的虚拟化产品。

4.2.3 操作系统层虚拟化

操作系统层虚拟化是在操作系统层面增添虚拟服务器的功能，以实现系统层面的虚拟化。由于没有独立的 Hypervisor 层，所有虚拟服务器必须运行在同一操作系统上。因为架构在所有虚拟服务器上使用单一、标准的操作系统，所以管理起来比异构虚拟化环境简易。

4.2.4 桌面虚拟化

桌面虚拟化是最接近用户使用的云计算技术，主要功能是将分散的桌面环境集中保存并管理，包括桌面环境的集中下发、更新和管理，其依赖于服务器虚拟化技术。该技术使得桌面的维护变得简单，不用每台终端单独进行设置与更新。终端数据可以集中存储在数据中心的桌面服务器里，安全性相对传统桌面应用要高很多。桌面虚拟化可以实现一个使用者拥有多个异构桌面环境，也可以把同一个桌面环境提供给多人共享使用。

通过上面所述可知，云计算的虚拟化不是单纯的虚拟机技术，而是 IaaS 层的虚拟化解决方案。结合 IaaS 层的基础特点，虚拟化技术除了最基础的软件之外，还包括共享存储服务、镜像服务、身份认证服务、统一监控服务以及收费管理等其他配套的服务等。

4.3 容器技术

容器（Linux Container，LXC）是一种内核虚拟化技术，相比 Hypervisor 技术则提供更轻量级的虚拟化，以隔离进程和资源且无须提供指令解析机制及全虚拟化的复杂性，将操作系统层面的资源分到孤立/隔离的组中，用来管理和使用资源。容器可以理解为一种沙盒，每个容器内运行一个应用，不同的容器相互隔离，容器之间可以建立通信机制。容器的创建和停止快速，自身对资源的需求有限，远比虚拟机本身占用的资源少，其实现是借助 Linux 的内核特性，在操作系统层面上做整合为进程提供虚拟执行环境，典型的应用就是 Docker。

4.3.1 Docker 的概念及原理

Docker 使用客户端-服务器（C/S）架构模式，是基于 Go 语言并遵从 Apache 2.0 协议实现的云开源项目，主要目标是"Build，Ship and Run Any App，Anywhere"，也就是通过对应用组件的封装、分发、部署、运行等生命周期的管理，使用户的 APP（可以是一个 Web 应用或者数据库应用等）

及其运行环境能够做到"一次构建，到处部署"。Docker 是一个开源的引擎，属于操作系统级虚拟化，在 PaaS 层可以为任何应用创建一个轻量级、可移植、自给自足的容器。Docker 的构成结构如图 4-3 所示。

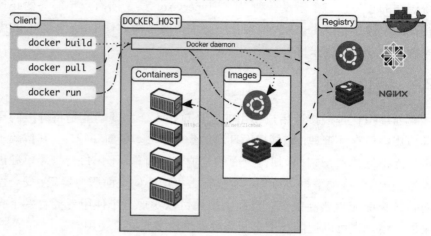

图 4-3　Docker 构成结构图

由图 4-3 可知，Docker 的构成由以下三部分组成。

- ☐ Docker 镜像（Images）：是 Docker 容器运行时的只读模板，即是操作系统+应用运行环境+应用程序。每一个镜像由一系列的层组成，其实就是一个文件，任何用户程序都可以成为镜像的一部分。Docker 使用 UnionFS 来将这些层联合到单独的镜像中，形成一个单独连贯的文件系统。正因为有了这些层的存在，Docker 保证了轻量。当用户改变了一个 Docker 镜像，如升级某个程序到新的版本，一个新的层会被创建。因此，不用替换整个原先的镜像或者重新建立，只是一个新的层被添加或升级，使得分发 Docker 镜像变得简单和快速。

- ☐ Docker 仓库（Registry）：用来保存镜像，可以理解为代码控制中的代码仓库。同样地，Docker 仓库也有公有和私有的概念，公有的 Docker 仓库名字是 Docker Hub，提供了庞大的镜像集合供用户使用。这些镜像可以自己创建，或者在别人的镜像基础上升级创建。

- ☐ Docker 容器（Containers）：和文件夹很类似，一个 Docker 容器包含了某个具体应用运行所需要的所有环境。每一个 Docker 容器都是从 Docker 镜像创建的运行实例，可以运行、开始、停止、移动和删除。而每一个 Docker 容器都是独立和安全的应用，是相互隔离的独立进程，互不可见。

4.3.2　Docker 应用场景介绍

Docker 的应用场景主要包括以下三种。

（1）面向开发人员的 Web 应用自动化打包和发布。在没有 Docker 之前，开发、测试、生成环境可能不一样，如发布某个应用服务的端口时，开发时测试用的是 8080 而生产环境中是 80，这就导致了文件配置上的不一致。然而使用 Docker 后，在容器内的程序端口都是一样的，而容器对外暴露的端口可能不一样，但并不影响程序的交付与运行，保证了开发环境与生产环境的一致性，并实现了快速部署。

（2）面向运维人员的运维成本降低。部署程序时搭建运行环境是很费时间的工作，同时还要解决环境的各种依赖，而 Docker 通过镜像机制，将需要部署运行的代码和环境直接打包成镜像，上传到容器即可启动，节约了部署各种软件的时间。

（3）面向企业的 PaaS 层实现。代码托管平台或是云服务的功能即提供给用户的演示环境，对于用户来讲，并不需要知道底层采用的技术，但是如果 IaaS 层直接给用户提供虚拟机，由于虚拟机本身对物理机的开销比较大，显然会消耗太多的资源。而如果采用 Docker，在一台物理机上就可以部署多个轻量化的容器，运行效率上会有很大的提升。

4.3.3　Docker 实例化安装 Python

本节将介绍 Docker 实例化安装 Python 的方法。

（1）安装 Ubuntu Docker。

本实例采用的 Ubuntu 版本是 15.10，使用脚本命令安装 Docker，获取最新版本的 Docker 安装包，命令如下。

```
runoob@runoob:~$   wget –qO- https://get.docker.com/ l sh
```

输入当前用户名的密码后，就会下载脚本并且安装 Docker 及依赖包。安装完成后的提示如图 4-4 所示。

```
If you would like to use Docker as a non-root user, you should now consider
adding your user to the "docker" group with something like:

sudo usermod -aG docker runoob
Remember that you will have to log out and back in for this to take effect!
```

图 4-4　安装完成后的提示

如果要以非 root 用户直接运行 Docker，需要执行 sudo usermod -aG docker runoob 命令，然后重新登录，否则会报错。

（2）启动 Docker 服务，命令如下。

```
runoob@runoob:~$    sudo service docker start
```

（3）查找 Docker Hub 上的 Python 镜像，输入如下命令。

```
runoob@runoob:~$    ~/python$ docker search python
```

命令执行后即可显示可供使用的 Python 镜像信息，如图 4-5 所示。

```
runoob@runoob:~/python$ docker search python
NAME                          DESCRIPTION                         STARS    OFFICIAL    AUTOMATED
python                        Python is an interpreted,...        982      [OK]
kaggle/python                 Docker image for Python...          33                   [OK]
azukiapp/python               Docker image to run Python ...      3                    [OK]
vimagick/python               mini python                                  2           [OK]
tsuru/python                  Image for the Python ...            2                    [OK]
pandada8/alpine-python        An alpine based python image                 1           [OK]
1science/python               Python Docker images based on ...   1                    [OK]
lucidfrontier45/python-uwsgi  Python with uWSGI                   1                    [OK]
orbweb/python                 Python image                        1                    [OK]
pathwar/python                Python template for Pathwar levels  1                    [OK]
rounds/10m-python             Python, setuptools and pip.         0                    [OK]
ruimashita/python             ubuntu 14.04 python                 0                    [OK]
tnanba/python                 Python on CentOS-7 image.           0                    [OK]
```

图 4-5　Python 镜像信息

根据信息列表，拉取标签为 3.5 的官方镜像，命令如下。

```
runoob@runoob:~/python$ docker pull python:3.5
```

等待下载完成后，在本地镜像列表里可以查到 Repository 为 Python、标签为 3.5 的镜像。

（4）使用 python 镜像，在~/python/myapp 目录下创建一个 helloworld.py 程序文件，代码如下。

```
#!/usr/bin/python
print("Hello,World!");
```

（5）运行容器，命令如下。

```
runoob@runoob:~$    ~/python$ docker run –v $PWD/myapp:/usr/src/myapp –w
/usr/src/myapp python:3.5 python helloworld.py
```

命令说明如下。

❑　-v $PWD/myapp:/usr/src/myapp——将主机中当前目录下的 myapp 挂载到容器的/usr/src/myapp 目录下。

❑　-w /usr/src/myapp——指定容器的/usr/src/myapp 目录为工作目录。

❑ python helloworld.py——使用容器的 python 命令来执行工作目录
中的 helloworld.py 程序文件。

输出结果如下。

```
Hello，World！
```

4.4　绿色节能技术

节能环保是全球整个时代的大主题。云计算基础设施中包括数以万计
的计算机，以低成本、高效率整合资源是其优势所在，具有巨大的规模经济
效益，其在提高资源利用效率的同时，节省了大量能源。绿色节能技术已经
成为云计算必不可少的技术，未来越来越多的节能技术还会被引入云计算
中来。相关报告指出，迁移至云的美国公司每年就可以减少碳排放 8 570 万
吨，这相当于 2 亿桶石油所排放出的碳总量。

微软公司已经在苏格兰海域建立了一个数据中心，以确定它是否可以
通过在海水中冷却来节省能源。该数据中心利用可再生能源向沿海提供互
联网服务，同时将拓展商用服务器的云计算规模。总之，云计算服务提供商
们需要持续改善技术，让云计算更绿色。

小结

本章对云计算的主要技术进行了介绍，分析了分布式技术、虚拟化技
术、容器技术对云计算技术发展的核心作用，通过 Docker 部署 Python 安装
的实践案例对容器技术进行了深入的讲解。最后，从绿色节能的环保角度，
介绍了云计算数据中心未来的发展趋势。

习题

简答题
1．Docker 的构成由几部分组成？
2．Docker 的配置流程需要哪些步骤？

参考文献

[1]　董晓霞，吕廷杰. 云计算研究综述及未来发展[J]. 北京邮电大学学
报：社会科学版，2010，12（5）：76-81.

[2]　吴俊，徐溟. 公有云服务计费模式比较研究[J]. 电信科学，2012，28（1）：127-132.

[3]　黄梁，陈鲁敏，王加兴，等. 企业私有云平台建设研究[J]. 机电工程，2014，31（8）：1090-1093.

[4]　朱智强. 混合云服务安全若干理论与关键技术研究[D]. 武汉：武汉大学，2011.

[5]　徐保民，倪旭光. 云计算发展态势与关键技术进展[J]. 中国科学院院刊，2015（2）.

[6]　云计算的架构 http://www.uml.org.cn/yunjisuan/201304171.asp.

[7]　云计算基础架构　https://wenku.baidu.com/view/a2590f822791688858d7db.html.

第 5 章

可用的公有云平台

公有云通常指 IT 公司为用户提供的云计算，通过 Internet 访问、申请和使用，有免费试用或租用的形式，其核心属性是共享云计算资源服务，可以快速满足企业或个人对云计算基础设施资源的需求。公有云能够以低廉的价格，提供有吸引力的服务给终端用户，为用户创造新的业务价值。公有云作为一个支撑平台，整合了服务（如增值业务、广告）提供者和终端用户间的链接，形成了新的价值链和生态系统。

公有云的计算模型分为以下三个部分。

- ❑ 公有云接入。个人或企业可以通过普通的互联网来获取云计算服务，公有云中的"服务接入点"负责对接入的个人或企业进行认证、判断权限和服务条件等，通过"审查"的个人和企业，就可以进入公有云平台并获取相应的服务。

- ❑ 公有云平台。公有云平台负责组织协调计算资源，并根据用户的需要提供各种计算服务。

- ❑ 公有云管理。公有云管理对"公有云接入"和"公有云平台"进行管理监控，它面向的是端到端的配置、管理和监控，为用户可以获得更优质的服务提供了保障。

本章主要从以上三个部分，以具体的应用进行阐述。

5.1 阿里云

阿里云（www.aliyun.com）创立于 2009 年，是全球领先的云计算及人工智能科技公司，为 200 多个国家和地区的企业、开发者和政府机构提供服务。阿里云致力于以在线公共服务的方式，提供安全、可靠的计算和数据处理能力，让计算和人工智能成为普惠科技，在全球 18 个地域开放了 42 个可用区，为全球数十亿用户提供可靠的云计算支持。2017 年 1 月，阿里云成为奥运会全球指定云服务商，同年 8 月阿里巴巴财报数据显示，阿里云付费用户超过 100 万。阿里云为全球客户部署了 200 多个飞天数据中心，通过底层统一的飞天操作系统，为客户提供全球独有的混合云体验。其中，飞天（Apsara）是诞生于 2009 年 2 月、由阿里云自主研发、服务全球的超大规模通用计算操作系统，目前为全球 200 多个国家和地区的创新创业企业、政府、机构等提供服务。它可以将遍布全球的百万级服务器连成一台超级计算机，以在线公共服务的方式为社会提供计算能力，从 PC 互联网到移动互联网到万物互联网，成为世界新的基础设施。

云服务器（Elastic Compute Service，ECS）是阿里云提供的一种基础云计算服务，其资源结构如图 5-1 所示。使用云服务器 ECS 就像使用水、电、燃气等资源一样便捷、高效。用户无须提前采购硬件设备，而是根据业务需要，随时创建所需数量的云服务器 ECS 实例。在使用过程中，随着业务的扩展，用户可以随时扩容磁盘、增加带宽；如果不再需要云服务器，也能随时释放资源，节省费用。本节主要介绍如何快速创建 ECS 实例、远程连接及挂载数据盘，完成实例的创建、登录和使用。

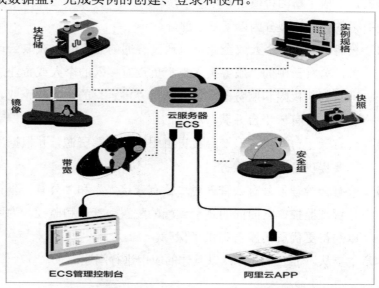

图 5-1 阿里云 ECS 资源结构图

在使用 ECS 之前，需要了解和明确以下概念。

❑　地域和可用区：是指 ECS 资源所在的物理位置。

❑　实例：是一个虚拟的计算环境，由 CPU、内存、系统盘和运行的操作系统组成，等同于一台虚拟机，包含 CPU、内存、操作系统、网络、磁盘等最基础的计算组件。

❑　实例规格：是指实例的不同配置，包括 vCPU 核数、内存、网络性能等。实例规格决定了 ECS 实例的计算和存储能力。

❑　镜像：是指 ECS 实例运行环境的模板，一般包括操作系统和预装的软件。操作系统支持多种 Linux 发行版本和不同的 Windows 版本。

❑　块存储：包括基于分布式存储架构的弹性块存储，以及基于物理机本地硬盘的本地存储。

❑　快照：是指在某一个时间点上的一块弹性块存储的数据备份。

❑　网络类型：包括专有网络和经典网络两种类型，其中专有网络是基于阿里云构建的一个隔离的网络环境，专有网络之间逻辑上彻底隔离；经典网络统一部署在阿里云公共基础内，规划和管理由阿里云负责。

❑　安全组：是一种虚拟防火墙，具备状态检测包过滤功能。每个实例至少属于一个安全组。同一个安全组内的实例之间网络互通，不同安全组的实例之间默认内网不通，但是可以授权两个安全组之间互访。

❑　SSH 密钥对：远程登录 Linux ECS 实例的验证方式，阿里云存储公钥，用户需要自己妥善保管私钥。

❑　IP 地址：包括用于内网通信的内网 IP 或私有 IP，以及用于访问 Internet 的公网 IP。

❑　弹性公网 IP：可以与实例反复绑定或解绑的静态公网 IP 地址。

❑　云服务器管理控制台：是指 ECS 的 Web 操作界面。

云服务器 ECS 实例，有时候也被称为阿里云服务器、云服务器、云服务器 ECS 等。为避免引起误解，本节一律使用云服务器 ECS 实例这一名称，简称实例。

5.1.1　创建 ECS 实例的前期准备

在创建 ECS 实例前，需要用户完成以下工作。

（1）注册阿里云账号，并完成实名认证。用户注册是免费的服务，注册流程根据阿里云网站的注册页面提示进行操作即可，如果已有淘宝、1688 账号则可以直接进行登录。

（2）根据需求的资源和使用场景进行方案设计并进行配置选型操作。

阿里云提供了 10 大分类、200 多款实例规格来满足用户在不同应用场景、不同业务负载下的性能需求，具体配置规格如表 5-1 所示。阿里云提供了灵活的配置修改方式，如果在使用过程中发现配置过高或过低，可以修改调整配置。

表 5-1　配置规格表

类　　型	实 例 规 格	云　　盘	公 网 带 宽	适 用 场 景
入门型	1vCPU 1GB 内存	40GB 高效云盘	1Mbps 公网带宽	访问量较小的个人网站初级阶段
基础型	1vCPU 2GB 内存	40GB 高效云盘	2Mbps 公网带宽	流量适中的网站、简单开发环境、代码存储库等
通用型	2vCPU 4GB 内存	40GB 高效云盘	2Mbps 公网带宽	满足 90%云计算初级用户的需求,适用于企业运营活动、并行计算应用、普通数据处理
进阶型	4vCPU 16GB 内存	40GB 高效云盘	5Mbps 公网带宽	中大规模访问量的网站、分布式分析以及计算场景和 Web 应用程序

确定配置方案后，就可以开始创建云服务器 ECS 实例了。

5.1.2　创建 ECS 实例

本节以入门级实例规格族为例，介绍如何使用实例创建控制台快速创建一个 ECS 实例。

1. 基础配置

基础配置包括以下选项。

❑ 选择计费方式：按量计费，是一种先使用后付费的方式。使用这种方式，用户可以按需取用资源，随时开启和释放资源，无须提前购买大量资源。与传统主机投入相比，成本可以降低 30%～80%。

❑ 选择地域及可用区：区域选择华东 1，可用区使用默认选择，即随机分配。实例创建完成后，不可更改地域和可用区。

❑ 选择实例规格及数量：1vCPU，2GB，支持 IPv6。

❑ 选择镜像：公共镜像，Windows Server 2016 数据中心 64 位中文版。

❑ 存储：系统盘用于安装操作系统，设置为 SSD 云盘 40 GB。

❑ 容量：系统盘默认容量为 40 GB，最大为 500 GB。如果选择的镜像文件大于 40 GB，则默认为镜像文件大小。系统盘的容量范围由镜像决定，如表 5-2 所示。

表 5-2　容量参照表

镜　　像	系统盘容量范围
Linux	[max{20, 镜像文件大小}, 500] GB。其中，公共镜像中，Ubuntu 14.04 32 位、Ubuntu 16.04 32 位和 CentOS 6.8 32 位的镜像文件容量为 40 GB
CoreOS	[max{30, 镜像文件大小}, 500] GB
Windows	[max{40, 镜像文件大小}, 500] GB

2．网络和安全组

网络和安全组主要设置以下选项。
❑ 网络：专有网络和默认交换机。
❑ 公网带宽：分配公网 IP 地址，即为实例分配一个公网 IP 地址，并选择按使用流量对公网带宽计费。
❑ 选择安全组：使用默认安全组，类似防火墙功能，用于设置网络访问控制。同时选择要开通的 IPv4 的协议/端口选项。

3．系统配置

系统配置主要设置以下选项。
❑ 实例名称：操作系统内部的计算机名称。
❑ 登录凭证：Windows 系统只能使用密码作为登录凭证；Linux 系统可以使用秘钥对或密码作为登录凭证。

参数详细设置情况参考图 5-2。

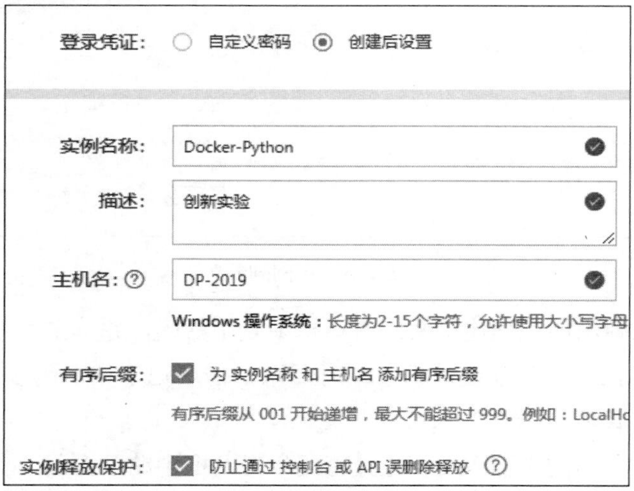

图 5-2　系统参数配置

4. 分组设置

分组设置主要是设置标签,方便管理多台实例,标签是由区分大小写的键值对组成的。例如,可以添加一个键为 Group 且值为 Web 的标签。标签键不可以重复,最长为 64 位;标签值可以为空,最长为 128 位。标签键和标签值都不能以"aliyun""acs:""https://"或"http://"开头。最多可以设置 20 个标签,设置的标签将应用在本次创建的所有实例和云盘。

5. 确认订单

确认所选配置,也可以单击编辑图标返回修改配置。

单击"保存为启动模板"按钮可以将此次选型配置记录成启动模板,方便后续引用。阅读并确认"云服务器 ECS 服务条款",创建 ECS 实例操作完成。

5.1.3   连接 ECS 实例

创建 ECS 实例后,可通过多种方式连接实例。本节介绍在 ECS 管理控制台使用"管理终端"快速连接并管理 ECS 实例的方法。需要以下 5 步完成管理操作。

(1)登录 ECS 管理控制台,在左侧导航栏单击实例,选择地域"华东 1"。

(2)在实例列表中找到已创建的实例并在"操作"列中单击"远程连接"选项,如图 5-3 所示。

图 5-3   实例列表

(3)在弹出的远程连接密码对话框中复制密码,并单击"关闭"按钮。连接密码仅在第一次连接管理终端时显示,需要记下该密码以便日后使用此密码连接管理终端。

(4)在弹出的"输入远程连接密码"对话框中粘贴密码,单击"确定"按钮即可登录 ECS 实例。

（5）根据实例的操作系统，执行不同的操作。如果是 Linux 实例，输入用户名 root 和设置的实例登录密码；如果是 Windows 实例，在管理终端界面的左上角单击发"送远程命令按钮"或按 Ctrl+Alt+ Delete 组合键，进入 Windows 实例的登录界面，输入设置的密码即可登录到 Windows Server 数据中心 2016 64 位中文系统中，效果如图 5-4 所示。

图 5-4 实例远程登录界面

5.2 万物云

万物云（www.wanwuyun.com）是一个免费的物联网设备和应用的数据托管平台。智能设备可使用多种协议轻松安全地向万物云提交所产生的设备数据，在服务平台上进行存储和处理，并通过数据应用编程接口向各种物联网应用提供可靠的、跨平台的数据查询和调用服务。通过使用万物云平台所提供的各项服务，用户可以收集、处理和分析互连智能设备生成的数据，在物联网应用中方便地调用这些设备数据，而无须投资、安装和管理任何基础设施，不仅大大降低了项目开发的技术门槛，缩短了开发周期，而且研发和营运成本也成倍降低。

万物云向用户提供了一个简单易用的智能硬件数据接入、存储、处理以及数据应用一站式数据托管服务平台，架构如图 5-5 所示，旨在降低物联网数据应用的技术门槛及运营成本，满足物联网产品原型开发、商业运营和规模发展各阶段的需求，特别是物联网项目初创团队和中小规模运营物联网项目的公司的需求。万物云提供快捷方便的硬件接入方式，支持主流物联网设备的通信协议 TCP/IP、HTTP 以及轻量级通信协议 MQTT，支持 JSON

数据格式协议，数据上报使用了间断式连接，大大降低了设备上的代码足迹及数据带宽和流量。

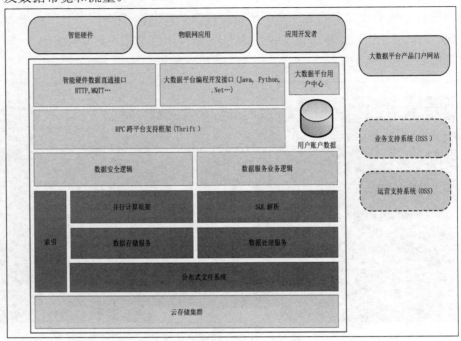

图 5-5　万物云平台架构

5.2.1　万物云的特性

万物云倾力支持中小企业和初创团队开发运营物联网和移动应用项目，具有如下特性。

- ❑ 便捷易用：具有清晰、简明、完善的编程实例和接口文档，丰富的案例样本代码，帮助开发者快速开发跨平台物联网应用，并通过社区论坛、微信和微博等社交平台提供全方位技术支持。
- ❑ 功能强大：开放式数据服务接口协议，各种智能设备轻松接入，平台现支持 HTTP、MQTT 及 TCP 接口协议，开放第三方设备数据提交服务接口，覆盖主流平台和语言的开发包。
- ❑ 秒级性能：后台数据存储架构毫秒级读写延迟；硬件提交数据秒级查询；海量异构传感器高并发数据提交；分布式数据存储节点策略优化数据上传下载速度。
- ❑ 安全可靠：多用户多应用数据隔离机制，专业的数据副本机制，完善的身份验证手段和用户权限管理，不同级别的数据访问权限和访问级别，强大的企业级防火墙保护用户数据不丢失、不泄露、不被盗取。

❑ 海量规模：存储系统支持弹性扩展，无须担心存储空间不足，数据实时一致，读写性能不会随数据量增加而受影响，支持单表 PB 级别的数据存储，支持表结构横向无限扩展。

❑ 低廉成本：一站式数据存储和处理全托管解决方案，使用户能专注于自己的业务开发和规模扩展。免费的基础数据服务，大大降低项目开发和运维成本，满足用户应用原型开发、产品商用和规模运营各阶段需求。

5.2.2　万物云的使用流程

数据从硬件到应用，只需要 4 步即可完成，如图 5-6 所示。

图 5-6　万物云使用流程

1．用户注册

一步快速注册用户账号，近距离体验万物云物联网大数据平台。用户在大数据平台发布运行自己的应用之前，应先提交完整的用户信息，并通过电子邮件认证。

2．创建应用

创建应用界面如图 5-7 所示。

图 5-7   创建应用界面

大数据平台可支持用户创建和运营多个用户应用，应用间设备和数据各自分离。用户创建应用时，平台已为用户建立了主数据表和设备表，用户可根据应用需要创建列表，可执行以下操作。

- 在预建表的表结构中添加自定义数据字段。
- 根据应用业务逻辑创建自己的数据列表。

使用应用管理界面，用户可以管理应用的如下方面。

- 管理应用下的表和数据设备等资源。
- 启用和停用指定应用。

3．添加硬件

添加硬件界面如图 5-8 所示。

在应用中心的设备管理界面下，添加数据设备可通过以下两种方式。

- 在应用的设备表中建立一条数据设备记录。
- 通过 Excel 工作单批量导入数据设备。

添加成功后，数据设备按照硬件设备数据服务协议中定义的方法，通过指定的服务地址和端口向应用数据表提交数据入库。可利用模拟器模拟设备向应用发送数据，验证提交的数据是否进入到数据库中。最后，用户添加设备时需要选择服务协议类型，除了平台提供的基本的 HTTP、MQTT、TCP 协议外，用户还可以添加自定义协议类型。

图 5-8   添加硬件界面

4．查看数据

用户可在用户中心指定应用下的应用数据分页页面上进行以下操作：

- 监控应用下所有设备的数据入库实况和历史。

  ❑ 查看应用最新的入库数据。

  ❑ 查询指定时段的入库数据。

用户可在用户中心指定应用下的设备管理分页页面上进行以下操作。

  ❑ 实时查看设备数据的入库情况。

  ❑ 查询指定时段的设备入库数据。

  ❑ 通过可视化界面查看指定字段的时段平均值。

用户可在应用管理中的数据导出页面中，导出用户指定日期的历史数据，默认是导出这一天的数据。如果用户需要导出这一天中指定时间段的数据，可进行选择。数据导出后将自动生成文本文件，单击文本文件可进行下载。

用户可在应用管理中的规则引擎中进行以下操作。

  ❑ 设定数据上报规则。

  ❑ 接收触发规则的提醒邮件。

  ❑ 触发规则的数据跨系统的数据推送。

5.2.3　万物云平台成功实践案例

下面是万物云平台应用的成功案例。

1. 燃气报警云平台

燃气报警云平台结合燃气报警传感器与云技术监测系统，构建前端燃气报警器和中心端大数据云计算支撑平台，建立了以前端设备采集实时数据，通过燃气报警云平台及时通知，并由业主、安全员、运维人员共同保障的全局燃气报警管理机制，为居民区、餐饮企业、地下商场、储藏室等应用场所提供预测预警、技术支撑、辅助决策等应用服务，以减少或避免燃气爆炸事故。

2. 智慧路灯伴侣

智慧路灯伴侣，无须对现有的路灯照明系统进行大规模的改造或新建，充分利用了现有路灯系统的布点、供电、管线资源，通过研发集成化的多功能外挂式模块设备，整合智能监控探头、空气噪音污染震动传感、无线 WIFI 热点、网络通信链路、人工智能服务和智能灯控模块，将普通路灯升级成为具备多种综合性智慧化功能的大规模城市基础设施，并利用其采集的源源不断的城市动态数据，支撑一系列智慧城市业务功能的逐步落地。智慧路灯伴侣通过一种高性价比的改造方式，保证了设备制造成本与部署灵活性，使得大规模、低成本的功能设施部署成为可能，为智慧城市的相关服务功能落地提供了一套高性价比的可行方案，能够有效控制系统智慧化改造建设的综合成本，降低了系统部署推广的难度。

3．PM 2.5 云监测平台

目前已在多个城市大规模部署的 PM 2.5 云监测平台传感网系统，配合现有的环境监测站点，可准确、及时、全面地反映空气质量现状及发展趋势，为空气质量监测和执法提供技术支撑，为环境管理、污染源控制、环境规划等提供科学依据。2015 年底已扩展至 10 000 套以上以不同协议接入的 PM 2.5 传感器单元，监控范围覆盖全国绝大部分地区。万物云大数据服务平台很好地满足了这个监控平台上所有海量异构的传感器数据存储需求，并提供了强大的准实时数据处理能力。

在万物云数据服务平台上创建的物联网应用，接入传感器设备后，所有设备数据的存储问题都交给平台解决，即用户可专注于自身的业务开发和规模扩展。

5.3 环境云

环境云（www.envicloud.cn）是一个专注于提供稳定、便捷的综合环境数据服务的平台，由南京云创大数据科技股份有限公司开发并提供支持，收录专业数据源（国家环保部数据中心、美国全球地震信息中心等）所发布的各类环境数据，接收云创自主布建的各类环境监控传感器网络（包括空气质量指标和土壤环境质量指标检测网络）所采集的数据，结合相关数据预测模型生成的预报数据，依托数据托管服务平台万物云所提供的数据存储服务，推出了一系列功能丰富、便捷易用的综合环境数据 REST API，配合详尽的接口使用帮助，为环境应用开发者提供了丰富可靠的气象、环境、灾害以及地理数据服务。此外，环境云还为环境研究人员提供了历史数据报表下载，并向公众展示环境实况。

5.3.1 环境云功能

环境云通过 API 共享与环境有关的各类数据，实时感知环境，支持各种应用，主要功能如下。

（1）支持环境应用。致力于为环境应用网站和移动 APP 开发者提供可靠的环境数据一站式服务，包括数据接口、展示及报表等多种服务方式，支撑各类环境应用。

（2）感知环境实况。致力于让每位用户都能够随时了解身边的实时环境，提供天气预报、空气质量查询等个性化的贴心服务。

（3）助力环境研究。与政府部门、学校、科研机构以及其他致力于环境保护和应用的组织合作，助力全球环境数据的共享和研究，为环保事业贡献力量。

5.3.2　环境云服务

环境云面向环境应用开发者提供免费气象、环境、灾害以及地理数据服务，包括全国布建的各类环境监控传感器所采集的数据以及各种权威数据源所发布的与环境相关的数据，向开发者提供一套便捷易用的综合环境数据查询及调用接口和开发工具。环境云监测平台的应用正逐渐成为大势所趋。

5.4　AWS 云

Amazon Web Services 简称 AWS（aws.amazon.com），提供了大量基于云的全球性产品，其中包括计算、存储、数据库、分析、联网、移动产品、开发人员工具、管理工具、物联网、安全性和企业应用程序。这些服务可帮助组织快速发展、降低 IT 成本以及进行扩展。很多大型企业和热门的初创公司都信任 AWS，并通过这些服务为各种工作负载提供技术支持，其中包括 Web 和移动应用程序、游戏开发、数据处理与仓库、存储、存档及很多其他工作负载。

5.4.1　AWS 云解决方案

AWS 提供了一整套服务和解决方案，可运行复杂且可扩展的应用程序，有助于实现更好的业务成效。在 AWS 云中运行应用程序有助于用户更快地进行迁移、更安全地进行操作，并且还能节省大量成本，同时享受云的敏捷性及规模和性能优势。

1. 数据存档

提供用于存档的完整云存储服务，适用于存档 GB 级到 PB 级数据的经济型解决方案。可以选择适用于低成本、时间不敏感的云存储 Amazon Glacier，或根据需求选择用于更快存储的 Amazon Simple Storage Service（S3）。

2. 备份与还原

全球数据的指数增长使得管理备份比以往任何时候都更加困难。由于磁带库和辅助站点等传统方法落后，许多组织正在将备份目标扩展到云。虽然云提高了可扩展性，但是构建支持云的备份解决方案需要慎重考虑现有 IT 投资、恢复目标和可用资源。

AWS 可以提供这方面的帮助，其提供了最多的存储服务、数据传输方法和联网选项，以构建具备无与伦比的持久性和安全性的数据保护解决方案。

3. 电子商务应用

AWS 为那些希望拥有灵活、安全、高度可扩展、低成本的在线销售和零售解决方案的各种规模的企业提供电子商务云计算解决方案，甚至可为许多流行的平台（如 Java、Ruby、PHP、Node.js、.NET 等）提供软件开发工具包。

电子商务网站的流量经常会出现波动，如从客户稀少的午夜到流量飙升的打折促销假日旺季，而 AWS 提供基于云的电子商务托管解决方案，这些方案既可增长又可缩减，以便满足用户的各种需求。在 Internet 上，网站客户可能位于世界上任何地方，而借助 AWS，可以将电子商务网站托管在全球 16 个不同地理区域的任何一个数据中心，只需单击几下鼠标即可为每个地域提供服务。

4. 高性能计算

高性能计算（HPC）使科学家和工程师们能够解决复杂的计算密集型问题。HPC 应用程序通常需要高网络性能、快速存储、大量内存、超高计算能力或上述所有条件。通过 AWS，可以在云中运行 HPC，并将并行任务的数量增加到大多数本地环境都无法支持的规模，从而提高研究速度并缩短获得成效的时间。AWS 可按需提供针对特定应用程序进行优化的 CPU、GPU 和 FPGA 服务器，无须巨额资金投入，从而帮助降低成本。

在 AWS 上运行 HPC 的优势如下。

❑ 可以启动或纵向扩展高性能计算集群，通过消除作业排队时间并根据需要高度扩展集群，可以减少产品上市时间或发布时间。

❑ 专注于基础设施维护和升级方面的应用程序和研究输出。当 AWS 升级硬件时，用户可以立即获得访问权限，只需重新编写集群配置文件并重新启动即可迁移到最新的硬件。

❑ 借助 AWS 提供的灵活配置选项，可以从假设开始，创建独特应用程序需求（今天需要 GPU，明天需要 CPU）进行了优化的 HPC 集群。

❑ 除了用于计算、存储和数据库的核心服务选项之外，用户还可以利用 AWS 生态系统中的广泛服务和多个合作伙伴来增强工作负载均衡。

❑ 在不影响安全性的前提下开展协作。每个 AWS 产品都可提供加密和各种选项，以向每个用户授予精细权限，同时能够在多个获批用户之间共享数据。

5. 物联网（IoT）

在家庭、工厂、油井、医院、汽车和其他数千个地方，有数十亿台设备。随着设备的激增，用户越来越需要连接这些设备以及收集、存储和分析设备数据的解决方案。AWS IoT 提供跨越云端的广泛而深入的功能，因此用户可以在各种设备上为几乎任何使用案例构建 IoT 解决方案。由于 AWS IoT 与 AI 服务集成，即使没有 Internet 连接，也可以使设备更智能。AWS IoT 构建于 AWS 云上，供 190 个国家/地区的数百万客户使用，可随着设备队列的增加和业务需求的变化实现轻松扩展。AWS IoT 还提供了最全面的安全功能，以便用户能够创建预防性安全策略，并及时对潜在的安全问题做出响应。AWS IoT 具有如下特性。

❑ 广泛而深入：AWS 拥有从边缘到云端的广泛而深入的 IoT 服务。设备软件、Amazon FreeRTOS 和 AWS IoT Greengrass 提供本地数据收集和分析能力。在云中，AWS IoT 是唯一一家将数据管理和丰富分析集成在易于使用的服务中的供应商，这些服务专为繁杂的 IoT 数据而设计。

❑ 多层安全性：AWS IoT 提供适用于所有安全层的服务，包括预防性安全机制，如设备数据的加密和访问控制。AWS IoT 还提供持续监控和审核安全配置的服务，用户可以收到警报，以便缓解潜在的安全问题，例如将安全修复程序推送到设备。

❑ 与 AI 实现卓越集成：AWS 将 AI 和 IoT 结合在一起，使设备更为智能化。可以在云端创建模型，然后将它们部署到运行速度达到其他产品 2 倍的设备。AWS IoT 将数据发回至云端，以持续改进模型。

❑ 大规模得到验证：AWS IoT 构建于可扩展、安全且经过验证的云基础设施之上，可扩展到数十亿种不同的设备和数万亿条消息。与其他产品相比，AWS IoT 每天可以提取更多数据。

6. 机器学习

AWS 提供最广泛、最深入的机器学习和 AI 服务。可以从预先训练的计算机视觉、语言、推荐和预测 AI 服务中进行选择；Amazon SageMaker 能够大规模快速构建、训练和部署机器学习模型；或者构建支持所有常用开源框架的自定义模型。以最全面的云平台为基础构建，该平台利用高性能计算针对机器学习进行了优化，而且无损安全性和分析功能。

7. 移动服务

借助 AWS Amplify 工具，可以轻松创建、配置和实施由 AWS 提供支持的可扩展的移动和 Web 应用程序。Amplify 不仅可以无缝预置和管理移动后端，还能提供简单的框架来轻松将后端与 iOS、Android、Web 和 React Native 前端集成。另外，Amplify 还可以自动执行前端和后端的应用程序发布流程，能够更快速地交付功能。

移动应用程序需要通过云服务来执行无法在设备上直接执行的操作，例如离线数据同步、存储或在多个用户之间分享数据。通常需要配置、设置和管理多种服务来为后端提供支持，还需要编写多行代码来将每种服务集成到应用程序中。但是，随着应用程序功能数量的增加，代码和发布流程变得越来越复杂，管理后端需要的时间也越来越多。

Amplify 能够预置和管理移动应用程序的后端。只需选择身份验证、分析或离线数据同步等所需功能，Amplify 会自动预置和管理为各项功能提供支持的 AWS 服务，然后可以通过 Amplify 库和 UI 组件将这些功能集成到应用程序中，具有易于使用、随业务而扩展、客户参与度更高等特性。

8. Web 托管

AWS 提供了云 Web 托管解决方案，可为企业、非营利组织和政府组织提供一种成本低廉的方式来交付其网站和 Web 应用程序。无论用户要寻找的是营销、富媒体还是电子商务网站，AWS 都可提供各种网站托管选项，并且会帮用户从中选择最适合用户的选项，下面介绍三种托管选项。

（1）简单网站托管。简单网站通常由运行内容管理系统（CMS）（如 WordPress）、电子商务应用程序（如 Magento）或开发堆栈（如 LAMP）的单个 Web 服务器组成。该软件可轻松构建、更新、管理和提供网站的内容，最适用于访问量较低或中等的网站，这些网站具有多名作者且内容更改较为频繁，例如营销网站、内容网站或博客。它们为未来可能会扩展的网站提供了一个简单起点。尽管这些站点的成本通常较低，但它们仍需对 Web 服务器进行 IT 管理，且尚无法提供超出多个服务器的高可用性或可扩展性。

简单网站托管最适用于以下情况。

❑　基于 WordPress、Joomla、Drupal、Magento 等常见应用程序构建的网站。

❑　基于 LAMP、LEMP、MEAN、Node.Js 等常见开发堆栈构建的

网站。

- ❑　无法扩展至超过 5 台服务器的网站。
- ❑　希望使用一个控制台来管理 Web 服务器、DNS 和网络连接的客户。

（2）静态网站托管。静态网站可以向网站访客提供 HTML、JavaScript、图像、视频和其他文件，且这些文件不包含任何服务器端应用程序代码，如 PHP 或 ASP.NET。它们通常用于交付个人或营销网站。静态网站的成本非常低，具有较高的可靠性，不需要服务器管理，并且能够扩展，从而能够在无须额外操作的情况下处理企业级流量。

静态网站托管最适用于以下情况。

- ❑　不包含服务器端脚本（如 PHP 或 ASP.NET）的网站。
- ❑　作者较少且内容更改不频繁的网站。
- ❑　需要扩展以应对偶发流量高峰的网站。
- ❑　不想管理基础设施的客户。

（3）企业 Web 托管。企业网站包括非常常见的营销和媒体网站，以及社交、旅行和其他高度依赖应用程序的网站。例如，Lamborghini、Coursera 和 Nordstrom 都使用 AWS 来托管其网站。企业网站需要能够动态扩展资源并具有高度可用性，以支持要求最严苛且访问量最大的网站。企业网站使用多种 AWS 服务，通常跨越多个数据中心（即"可用区"）。基于 AWS 构建的企业网站能够提供高水平的可用性、可扩展性和性能，但所需的管理量要高于静态网站或简单网站。

企业 Web 托管最适用于以下情况。

- ❑　在至少两个数据中心内使用多种 Web 服务器的网站。
- ❑　需要使用负载均衡、自动扩展或外部数据库进行扩展的网站。
- ❑　需要持续高 CPU 利用率的网站。
- ❑　在 Web 服务器配置和管理方面需要最大限度的控制力和灵活性的客户。

5.4.2　AWS 云安全性

AWS 提供了多种安全功能和服务，以增强隐私安全并控制网络访问。其优势如下。

- ❑　保证数据安全。AWS 基础设施提供了强大的保护措施来帮助保护客户隐私，所有数据均存储在高度安全的 AWS 数据中心内。
- ❑　满足合规性要求。AWS 在其基础设施中管理着数十项合规性计划。这意味着用户的合规性部分已经完成。

❑ 节省开支。通过使用 AWS 数据中心降低成本，并维持最高标准的安全性，无须管理自己的设施。

❑ 快速扩展。安全性因用户的 AWS 云使用情况而异。无论用户的企业规模如何，AWS 基础设施都旨在确保数据安全。

△ 5.5 Microsoft Azure 云

Microsoft Azure（azure.microsoft.com）是一个完整的云平台，可以托管用户现有的应用程序，简化新应用程序的开发，甚至还可以增强本地应用程序的功能。在充分利用云计算效率的同时，Azure 集成了开发、测试、部署和管理应用程序所需的各种云服务。

通过在 Azure 中托管应用程序，可以随着客户需求的增长，从小规模开始轻松扩展应用程序。另外，Azure 还可以针对高可用性应用程序提供所需的可靠性，甚至包括在两个不同区域之间的故障转移。通过 Azure 门户，可让用户轻松管理所有的 Azure 服务。同时，用户还可以通过使用特定于服务的 API 和模板以编程方式管理自己的服务。

5.5.1 Azure 云安全性

在 Azure 中跨物理数据中心、基础结构和操作利用 Microsoft 提供的多层安全性，从 Azure 数据中心在全球范围内提供的先进安全性获益。依靠使用自定义硬件生成的云，它在硬件和固件组件中集成了安全控件，并且增加了针对 DDoS 攻击等威胁的防护。从一个由 3500 多名全球网络安全专家组成的团队获益，这些专家协同工作，帮助用户通过 Azure 保护业务资产和数据。

借助 Azure 中的内置控件和服务，可快速在标识、数据、网络和应用间保护工作负载。借助从 Azure 安全中心获取的更深入的见解，可实现持续保护。可将保护范围扩展到混合环境，还可在 Azure 中轻松集成合作伙伴的解决方案。

利用相关服务快速识别威胁并做出响应，这些服务通过以云规模提供的实时全球网络安全智能获知信息。这些可操作见解是通过分析海量源（包括 180 亿个必应网页、4000 亿封电子邮件、10 亿次 Windows 设备更新和 4500 亿次/月的身份验证）得出的。利用机器学习、行为分析和基于应用程序的智能，Microsoft 数据科学家可通过 Microsoft Intelligent Security Graph 分析大量数据，生成的见解可通报给 Azure 中的服务，并帮助用户更快检测到威胁。

5.5.2　Azure 云全球基础结构

使用可扩展、可信任和可靠的 Microsoft Azure 云，可以打破本地数据中心的限制。通过高能效的基础结构变革业务可以降低成本，该基础结构跨越全球 100 多个保障安全的设施，由全球最大网络之一进行连接。Azure 所包含的全球区域比任何其他云提供商所包含的都多，它提供使应用程序更贴近全球用户所需的规模，并保持数据驻留，还为客户提供全面的符合性和恢复能力选项。

Azure 区域、地域和可用性区域构成了全球基础结构的基础，它们为用户提供高可用性、灾难恢复和备份。

区域是一组数据中心，部署在定义了延迟的外围中，并通过专用的区域性低延迟网络互相连接。Azure 已在全球各地 45 个区域公开发布。

地域是一个独立市场，通常包含两个或多个区域，并且维持数据驻留和符合性边界，允许具有特定数据驻留和符合性要求的客户保持他们的数据和应用程序相邻近。通过与专用的高容量网络基础设施相连，地域具有了容错能力，可承受整个区域的故障。

可用性区域是 Azure 区域中物理上独立的位置。每个可用性区域都由一个或多个数据中心组成，这些数据中心都配置了独立电源、冷却系统和网络，允许客户运行任务关键型应用程序，同时具有高可用性和低延迟复制。

所以，Azure 云利用庞大的全球基础结构的性能和可靠性，更快地覆盖了更多的位置，保证全网络的数据安全性。

⚠ 小结

本章对国内外主流的可用云平台进行了介绍与分析，并对云平台的功能、架构及安全性进行了描述，以此熟悉云平台的应用场景及发展趋势，感知云计算的未来——智能云与智能边缘。

⚠ 习题

简答题

1. 公有云的计算模型有哪些？
2. 简述万物云的平台架构。

3．简述 AWS 云与 Azure 云的各自优势。

参考文献

[1] 2014 年云计算大会云计算标准化体系草案形成．中国云计算，2014．

[2] 朱明中．走进云计算[M]．中国水利水电出版社，2011．

[3] 祁伟，刘冰，路士华．云计算：从基础架构到最佳实践[M]．北京：清华大学出版社，2013．

[4] 南京云创大数据科技有限公司 http://www.cstor.cn．

[5] 云计算世界 http://www.chinacloud.cn．

[6] 中国专业 IT 社区 CSDN http://www.csdn.net．

[7] 刘鹏．云计算（三版）[M]．北京：电子工业出版社，2015．

[8] 刘鹏．实战 Hadoop 2.0[M]．北京：电子工业出版社，2017．

第 6 章

虚拟化平台搭建

虚拟化技术可以扩大硬件的容量,简化软件的重新配置过程,可以提高 IT 部门的敏捷性、灵活性和可扩展性,可以更快地部署工作负载、提升性能和可用性、实现自动化运维。所有这一切不仅简化了 IT 管理,还降低了硬件成本和运维成本。

虚拟化分为多种类型,包括服务器虚拟化、桌面虚拟化、网络虚拟化、存储虚拟化等。针对上述虚拟化技术,本章将介绍流行的虚拟化平台部署及管理工具软件,包括成熟的商业化软件及几款流行的开源软件,并详细介绍其中的 VMware 平台和 OpenStack 平台的搭建过程。

6.1 流行的虚拟化平台

虚拟化解决方案包含统一的计算资源池、统一的网络资源池和统一的存储资源池,并提供了一体化的监控和部署工具,进行统一的虚拟化与云业务管理。通过简洁的管理界面,轻松地统一管理数据中心内所有的物理资源和虚拟资源,不仅能提高管理员的管控能力,简化日常例行工作,更可降低 IT 环境的复杂度和管理成本。

随着虚拟化应用变得越来越热门,虚拟化已成为云计算时代不可替换的方向,市场上也涌现出大量的虚拟化平台软件产品。下面将简单介绍几大主流的虚拟化厂商,并分析其产品优缺点。

1．Citrix 公司

Citrix 公司是近年增长非常快的一家公司，这得益于云计算的兴起，Citrix 公司主要有三大产品：服务器虚拟化系统——XenServer，其优点是价格便宜，但管理一般；应用虚拟化系统——XenAPP 与桌面虚拟化系统——XenDesktop，这两个产品是目前为止最成熟的应用解决方案。企业级 VDI 解决方案中大多结合使用 Citrix 公司的 XenDesktop 与 XenApp 产品。

2．IBM 公司

在 2007 年 11 月的 IBM 虚拟科技大会上，IBM 就提出了"新一代虚拟化"的概念，只是时至今日，成功的案例并不多见。不过 IBM 虚拟化还是具备以下两点优势：第一，IBM 丰富的产品线和对自有品牌良好的兼容性；第二，强大的研发实力，可以提供较全面的咨询方案，只是成本过高。不过 IBM 的虚拟化方案缺点也比较明显，即对第三方支持兼容较差，运维操作也比较复杂，对于企业来说这是一把双刃剑，并且 IBM 所谓的虚拟化只是服务器虚拟化，而非全方位的虚拟化。

3．VMware 公司

VMware 公司作为业内虚拟化领先的厂商，一直以其易用性和管理性得到了大家的认同。只是受其架构的影响限制，VMware 主要是在 X86 平台服务器上有较大优势，而非真正的 IT 信息虚拟化。加上其本身只是软件方案解决商，而非像 IBM 与微软这样拥有各自用户基础的厂商，所以当前对于 VMware 公司来说将面临多方面的挑战，这其中包括微软、XenSource（被 Citrix 购得）、Parallels 以及 IBM 公司。

4．微软公司

2008 年，随着微软 Virtualization 的正式推出，微软已经拥有了从桌面虚拟化、服务器虚拟化到应用虚拟化、展现层虚拟化的完备的产品线。至此，其全面出击的虚拟化战略已经完全浮出水面。在微软眼中虚拟化绝非是简单的加固服务器和降低数据中心的成本，它还意味着帮助更多的 IT 部门最大化 ROI（即投资回报率），并在整个企业范围内降低成本，同时强化业务持续性。这也是微软为什么研发了一系列的产品，用以支持整个物理和虚拟基础架构的原因。

除了上述厂商提供的虚拟化解决方案，还有一些开源的虚拟化平台，如 Eucalyptus、OpenStack、CloudStack 等，由于其自由分发的特性，这些开源工具也得到了广泛应用。

5．Eucalyptus（桉树云计算平台）

Elastic Utility Computing Architecture for Linking Your Programs To Useful Systems（简称为 Eucalyptus）是一种开源的软件基础结构，用来通过计算集群或工作站群来实现弹性的、实用的云计算。它最初是美国加利福尼亚大学 Santa Barbara 计算机科学学院的一个研究项目，现在已经商业化，发展成为了 Eucalyptus Systems Inc。不过，Eucalyptus 仍然按开源项目那样维护和开发，Eucalyptus Systems 还在基于开源的 Eucalyptus 构建额外的产品，它还提供支持服务。

对于安装方式，不管是源代码编译安装还是包安装，Eucalyptus 都很容易安装在现今大多数 Linux 发行版上。

Eucalyptus 提供了如下高级特性。

❑　与 EC2 和 S3 的接口兼容性（SOAP 接口和 REST 接口）。使用这些接口的几乎所有工具都将可以与基于 Eucalyptus 的云协作。

❑　支持运行在 Xen hypervisor 或 KVM 之上的 VM 虚拟机运行。未来版本还有望支持其他类型的 VM，如 VMware。

❑　提供了用来进行系统管理和用户结算的云管理工具。

❑　能够将多个分别具有各自私有的内部网络地址的集群配置到一个云内。

6．OpenStack

OpenStack 是一个由美国国家航空航天局和 Rackspace 合作研发的自由软件和开放源代码项目，以 Apache 许可证授权。

如图 6-1 所示，OpenStack 架构主要包括以下几个子项目：OpenStack Compute（Nova）、云对象存储（Swift）、镜像管理（Glance）、身份识别（Keystone）、网络连接管理（Neutron）、Web 管理界面（Horizon）等。

目前有超过 150 家公司参与了 OpenStack 项目，包括 HP、Dell、AMD、Intel、Cisco、Citrix 等，国内的新浪、华胜天成、H3C 等公司也参与了 OpenStack 项目。此外，微软在 2010 年 10 月表示支持 OpenStack 与 Windows Server 2008 R2 的整合，而 Ubuntu 在 11.04 版本中已开始集成 OpenStack。OpenStack 是目前最受关注与支持的开源云计算平台之一。

OpenStack 以 Python 编写，这意味着相比其他以 C/C++或 Java 编写的开源云计算平台，OpenStack 更容易修改与调试。OpenStack 整合了 Tornado 网页服务器、Nebula 运算平台，使用 Twisted 框架，目前 OpenStack 支持的虚拟机宿主包括 KVM、Xen、VirtualBox、QEMU、LXC 等。

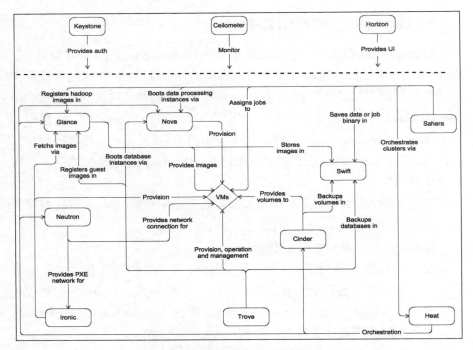

图 6-1 OpenStack 架构图

7. CloudStack

CloudStack 是新加入到了 Apache 基金会中的开源云计算平台。CloudStack 开发语言为 Java，最初是由 Cloud.com 研发并应用的一款商业软件，此后被 Citrix 收购，2012 年 4 月 5 日 Citrix 宣布将 CloudStack 项目提交至 Apache 基金会，CloudStack 成了 Apache 许可下的完全开源软件。

CloudStack 作为一个开源的、具有高可用性及扩展性的云计算平台，提供了一个开源的云计算解决方案。使用 CloudStack 作为基础，数据中心操作者可以快速方便地通过现存基础架构来创建云服务。CloudStack 目前在全球大规模的部署案例已经超过 150 个，其中最大规模的云拥有超过 4 万台物理服务器。在电信运营商市场，CloudStack 已经被英国电信、TATA、NTT、KDDI、电讯盈科等大型运营商所采用，中国电信的天翼云平台也基于 CloudStack 构建。从 2012 年起，CloudStack 在企业私有云领域的应用全面崛起，目前企业部署的比例已经与电信行业应用的比例不相上下。

CloudStack 平台可以加速高伸缩性的公共云和私有云的部署、管理、配置。其版本 3.0 中 CloudStack 已经颇具 Amazon（亚马逊）风格，它可以帮助那些希望效仿全球最成功云平台来构建云设施的企业用户，快速而轻松地将虚拟数据中心资源转入自动化、富于弹性且可自我服务的云平台中。另外，CloudStack 兼容 Amazon API 接口，允许跨 CloudStack 和 Amazon 平台实现负载兼容。使用 CloudStack 作为基础，数据中心操作者可以快速方便地通过现存基础架构创建云服务。

6.2　搭建 WMware 平台

6.2.1　VMware 介绍

　　云计算是一种架构方法，首先通过整合资源建立起统一的基础架构，进而利用应用虚拟层或服务层建立起高效、可伸缩和具有弹性的交付模型，面向客户实现服务式的 IT 交付。通过汇聚整个组织机构的资源需求并采用共享的基础架构，可以大幅度提升资源利用率，显著削减基础架构或资源层的成本。在应用或服务层，云计算提供了一种新的服务消费模式，采用标准化和自动化的方法加速服务的配置。现在，企业的各业务部门都可以按需及时获得所需的 IT 服务，而不是像过去那样必须耐心等待手工完成 IT 配置过程之后才能获得所需的服务。与此同时，IT 还能保持基于策略的控制力，并且可以按照服务的使用量收取费用。

　　全面而深入的虚拟化是实现云计算的前提条件之一，这是业界专家业已达成的共识。虚拟化环节主要着眼于 IT 资源的生产，在这个阶段，多种计算资源包括服务器、网络、存储都被整合为若干可动态分配的资源池，用户在获得某种应用功能的同时，也获得了实现这种功能所必需而且被优化的资源，将"功能"加"资源"聚合为服务的形式来提供；而云计算在实现了 IT 资源的生产之后，更注重资源的消费，也就是如何确定服务对象（适用的组织）、质量标准、收费价格和方式，并且以确保安全的方式提供给最终用户。同时，服务的消费阶段对于资源的提供者或运营商而言，需要解决的关键环节是跨越地域的交付能力，换言之，就是无论使用企业数据中心内部的"私有云"，还是使用开放给公众的"公有云"，抑或是二者结合而成为的"混合云"，计算资源的提供者只需要单一的管理工具和管理方法，开发人员只需要一致的开发平台和运行架构就能够实现服务的交付。最后一点是对于最终用户而言的，即通过何种手段享用云计算资源。传统的以设备为中心的应用交付模式将使用者局限在特定的场所和特定的终端设备上，而跨平台（硬件设备和操作系统）终端客户计算模式的出现（目前主要通过虚拟桌面和 SaaS 架构实现）将极大提升用户体验，真正实现云计算所倡导的统一部署、灵活访问的技术目标。

　　VMware 云计算技术路线遵循了以上原则，从保护现有投资和降低技术风险的角度协助客户制定云计算的发展战略。该战略具有以下特点。

- 分层的技术架构。VMware 清晰地定义了客户在实现云计算的过程中应该重点考虑的三个技术领域：终端用户计算、云计算应用平台、云计算基础架构和管理，并且依托久经验证的虚拟化平台，通过自主研发和技术收购等手段，完成了在这三个领域的技术和产品实现。

- 渐进的技术实现。VMware 提供了一种务实的途径帮助客户通过渐进的方式来实现云计算愿景，通过封装遗留应用并将它们迁移至现代云计算环境中，确保安全性、可管理性、服务质量和法规遵从。采用 VMware 解决方案，将能逐步实现云计算模型所定义的包括可按需提供服务、高可用性和高安全性在内的多种优势；借助自动化的服务级别管理和标准化的访问，VMware 确保了在迈向云计算的旅途中实现成本效益和业务敏捷性双方面的成功。

- 开放的技术平台。VMware 平台是业界领先的平台，已经有众多企业和服务提供商选用了这一平台，采用它就可以按照业务需求将应用部署在最佳场所（私有云或公共云），并且可以利用混合云环境，使应用在跨私有云和公共云的基础架构上迁移。

VMware 公司根据云计算的发展战略把产品线分成三个堆栈用于混合云计算，如图 6-2 所示。

图 6-2　VMware 用于混合云计算的新 IT 堆栈

❑ SaaS 层主要是针对终端应用设备的虚拟化或者云时代的终端设备，其可以让用户在不同的终端访问相同的应用或者数据时获得一致的体验。

❑ PaaS 层主要是针对软件开发环境的，无论是.NET 还是 Java 开发者，都可以做到快速地部署和升级，应对各种各样的问题。这中间除了耳熟能详的 Spring，还包括像 GemFire 这样用于提供快速、安全、可靠和可扩展的数据访问的理想解决方案。

❑ 在 IaaS 层，无论公有云还是私有云，都是云计算和虚拟化的基础，都是基于现有数据中心构造虚拟的数据中心。

下面对 VMware 的主要方案及产品进行介绍。

1. 在 IaaS 层中部署

在 IaaS 层中部署需要用到的如下产品。

（1）VMware vSphere。通过将数据中心资源聚合成为大规模的、共享的、弹性的计算资源池并显著提升基础架构的利用率，VMware 已经为企业节省了大量成本。

经过十多年的不断完善，VMware vSphere 已经成为业界公认的功能最强、最可靠和最完整的虚拟化平台。今天，VMware vSphere 已经部署在全球需求最为苛刻的数据中心，成为所有行业客户构建云基础架构的重要基石。

利用 VMware vSphere，能实现以下目标。

❑ 对关键业务应用进行虚拟化，使所有应用和服务实现前所未有的灵活性和可靠性，并同时具有最高级别的可用性和响应速度。

❑ 创建资源池，确保交付最高级别的应用服务水平协议，并使单个应用的成本降至最低。

❑ 确保能够保持应用和数据在云中的安全性、控制力。

（2）VMware vShield。如同虚拟化是将当前遗留应用转变成全新云基础架构不可缺少的要素一样，它也是确保云环境安全性的关键因素。

VMware vSphere 与 VMware vShield 相结合，是构建下一代云安全性的重要基石，能够应对云计算中与应用和数据安全性相关的诸多挑战。这些解决方案将确保应用和数据能被恰当地划分至信任区域以满足法规的需求，也可以满足将数据保持在特定权限范围内的要求。

具体而言，VMware vShield 平台具备独特的自检功能，能够识别难以发现的问题并实现全面的安全控制。这些功能可以显著地提高性能、降低复杂性并实现更全面的安全保护。

利用 VMware 安全解决方案，能实现以下目标。

❑　显著地简化安全性，确保安全策略能够快速执行并得到监控以满足 IT 法规遵从的需求，同时对所有权域保持相应级别的控制力和可见性。

❑　确保安全敏捷性，从而使 IT 部门能够利用像动态迁移这样的动态功能，保证安全策略能够无缝地适应 IT 服务的需求。

❑　提供一个单一且经济高效的框架，为云部署提供全面的保护。

❑　对于各种规模的组织机构而言，VMware vShield 提供了敏捷、动态、经济高效的安全性，能确保平滑地实现云部署，并获得云计算的实际好处。

（3）VMware vCloud Director。VMware vCloud Director 构建于 VMware vSphere 之上，如图 6-3 所示。它使虚拟化的共享基础架构成为一个与底层硬件完全分离且各要素相互隔离的多租户虚拟数据中心。VMware vCloud Director 还使 IT 部门能够通过基于 Web 的门户向用户开放虚拟数据中心，并定义和开放能部署在虚拟数据中心的 IT 服务目录。

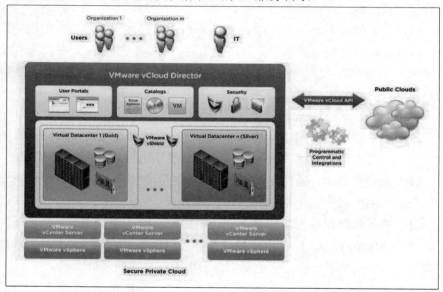

图 6-3　VMware vCloud Director 架构

利用 VMware 技术，能以共享的基础架构为基础，通过基于 Web 的目录交付标准化的 IT 服务。通过对服务产品进行标准化，可以简化许多 IT 管理任务，包括故障诊断、打补丁以及改变管理等，从而大幅度减轻 IT 团队的管理维护工作量。此外，还能授权合法用户通过单击按钮部署预配置的服务以实现配置过程的自动化，并在终端用户需要时，及时、准确地自动提供

IT 资源。通过实现流程的标准化、提高自动化水平并交付"IT 即服务",将获得虚拟化之外的额外成本节省,并显著地减少每个 IT 管理员的维护工作。基于 VMware 技术构建的私有云将使 IT 部门转变自身角色,成为一个高效、敏捷和用户友好的内部服务提供商,可以实现"IT 即服务"的承诺,通过基于 Web 的门户为内部用户提供完全自动化的、基于目录的服务。

（4）VMware vCenter。VMware vCenter 提供了一种经过验证的虚拟数据中心管理方法,可以简化 IT 管理并降低运营成本。它为优化数据中心内的关键 IT 流程和工作流程提供了最全面的平台,有数以万计的客户依赖 VMware vCenter 管理其 IT 基础架构。此外,该平台还能随企业一起发展,并具有提供适当管理功能的选项,可应对各种管理难题,而无论企业属于何种规模,采用何种结构,或处于何种发展阶段。

利用 VMware vCenter 产品系列解决方案,通过"一次设置,终生无忧"的策略驱动管理和自动化 IT 流程来简化虚拟数据中心的操作,以提高 VMware 部署过程的效率。

当前的 VMware vCenter 解决方案包括 VMware vCenter Server、VMware vCenter Update Manager、VMware vCenter Lifecycle Manager、VMware vCenter Site Recovery Manager、VMware vCenter Lab Manager、VMware vCenter Stage Manager。其中,VMware vCenter Server 作为 VMware vCenter 产品系列的基础和业界最先进的虚拟化管理平台,可帮助实现最高级别的效率、自动化和安全性,并降低运营成本,其丰富的 API 集支持与第三方管理工具进行集成,可实现无缝的端到端数据中心管理。

2. 在 PaaS 层中部署

在 PaaS 层中需要使用 VMware Cloud Application Platform（VMCAP）进行部署。

VMCAP 为应用开发和 IT 基础架构团队提供了沟通和协作环境,能最好地满足现代应用的需求,这些应用通常都是数据密集型的、动态的,并且要求能被快速配置以适应云环境。

VMCAP 允许开发人员创建可移植的云应用,这将进一步增强企业响应变化的能力。利用 VMware 解决方案动态配置和管理跨各种设备的云布置 IT 服务,可以将这种敏捷性扩展至终端用户。

VMCAP 使开发人员可以充分利用现有的开发技巧和投资,减少在安全的私有云环境下创建和部署应用所需的时间。开发团队同时还可以根据企业的需求,让应用在私有云和公共云之间迁移,从而使企业继续享有自由选择的权利。

3. 在 SaaS 层中部署

VMware 终端用户计算解决方案使企业能将传统的 Windows 桌面虚拟化，迈向以用户为中心的管理，并积极接受云就绪服务，从而以一种安全的、策略驱动的方式在合适的环境下交付合适的内容。

例如，可以利用 VMware View 和 VMware ThinApp 使桌面虚拟化。这两个产品都可以让企业更有效地管理传统桌面层（操作系统、应用和用户），提高这些组件的安全性和法规遵从，同时还提供了跨各种终端用户设备进行访问的自由性和灵活性。之所以能实现这些目标是因为桌面、应用和数据在数据中心中是安全的，并作为一项可管理的服务来交付。

通过桌面和应用程序虚拟化，可以加快桌面的部署速度，增强业务连续性和灾难恢复能力，同时降低资金成本和操作系统成本；可以减少迁移和升级操作系统及应用程序时的停机时间，无须对应用程序进行重新编码、重新测试和重新验证，从而更加充分地利用现有的桌面资产。通过向远程用户和临时用户提供虚拟桌面，可以减少在远程和分支机构安排 IT 管理人员的必要，同时还能保护企业的数据，可以集中进行桌面管理并加快桌面部署，同时降低运营成本和支持成本。

VMware 桌面虚拟化产品包括 VMware View、VMware ThinApp、VMware Workstation、VMware Fusion、VMware Zimbra、VMware Player、移动虚拟化平台 （MVP）和 VMware ACE。VMware 终端用户计算解决方案可以衔接遗留和云就绪的桌面及应用模式，让企业能够更有效地管理和控制用户、应用及数据。企业可以把企业策略和安全规则扩展到传统的企业边界之外，以便管理云中的软件即服务型应用和数据。

借助 VMware 解决方案，能增强整个企业的灵活性。IT 人员可获得服务交付方面的灵活性、响应速度和可用性，而终端用户可获得灵活的访问和服务水平。例如 VMware View 是当前业界最为完整的桌面虚拟化解决方案，确保从数据中心将桌面作为一种可管理的服务进行交付，不断提高效率、可靠性和可用性，使虚拟桌面和应用能够创建一个更加灵活的业务基础架构，帮助客户更加快速地响应不断变化的业务需求。

在中国的渠道建设方面，VMware 也没有丝毫的松懈。2011 年，VMware 中国渠道合作伙伴的数量从 1300 多家拓展到 1700 多家。在确立了以渐进、务实的路径帮助企业迈向云计算的同时，VMware 也为中国为数众多的合作伙伴打开了通向云端的机会之门。除了大力发展渠道商之外，VMware 还不断加深与中国本土厂商的合作。2011 年，VMware 先后与升腾资讯、天云科

技、中软以及曙光等国内 IT 厂商合作推出本土化产品。升腾 CT Vision 即
是 VMware 与升腾资讯联合发布的业内首款专为中国客户量身定制的桌面
虚拟化解决方案；与中软在云计算技术、产品和应用三个层面全面展开合
作，以加速中软基础云平台及包括电子政务云、产业园区云、创新企业云、
医疗卫生云等在内的多种行业解决方案的落地进程；与曙光公司的合作则
以"城市云"为主导，双方将联合区域政府，三方共同参与、设计、构建城
市云计算项目及服务，使云计算在应用上更符合中国用户，更加具有中国特
色，无锡城市云计算中心就是两家公司合作的首个重要成果。同时，VMware
还在积极为"政府云"出谋划策，加大与地方政府的合作力度，共同推进地
方云计算中心的建设和发展。未来，随着云计算应用的深入，云计算也将成
为经济发展的一部分。

6.2.2 VMware vSphere 搭建

VMware vSphere 有以下 3 种方法来安装和配置 VMware ESXi，并在
ESXi 中创建虚拟机、配置虚拟机、管理 VMware ESXi 网络。

1．在服务器上安装

可以在最近两年购买的浪潮、Lenovo、Dell 等服务器上安装测试
VMware ESXi，这是最好的方法。在安装时，需要格式化并重新分区硬盘，
服务器上原来的数据会丢失，请根据数据的重要程度备份数据。

2．在 PC 上测试

在某些使用 Intel H61 芯片组的普通 PC 上，CPU 是 Core I3、I5 或 I7，
支持 64 位硬件虚拟化测试。

3．在 VMware Workstation 虚拟机上测试

对于初学者和爱好者来说，可能一时找不到服务器安装 VMware ESXi，
这时候可以借助 VMware Workstation，在 VMware Workstation 的虚拟机上
学习 VMware ESXi 的使用。

【说明】要想在虚拟机中学习测试 VMware ESXi，需要主机是 64 位
CPU，并且 CPU 支持硬件辅助虚拟化，至少有 4GB 的物理内存，推荐
8GB～16GB 内存，并且为实验配置一个 80GB～120GB 的固态硬盘，在固
态硬盘上运行虚拟机，将会极大地减少系统安装的时间，缩短实验时间。

在 VMware Workstation 中创建 1 台虚拟机安装 VMware ESXi，目前最新版本的 VMware ESXi 是 6.5.0。在主机中安装 VMware ESXi 6 客户端软件 vSphere Client，或使用浏览器通过 vSphere Web Client 连接 VMware ESXi 服务器，在 VMware ESXi 6 中创建虚拟机。本节实验拓扑如图 6-4 所示。

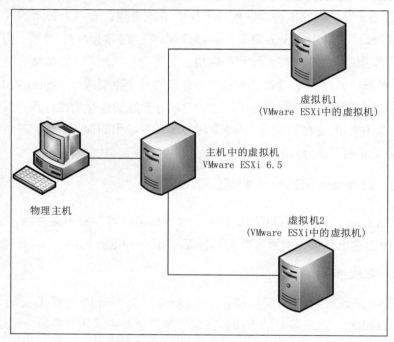

图 6-4　VMware ESXi Server 实验拓扑

在下面的操作中，主机配置为 16 GB 内存、Intel Core i5-6500 CPU、预安装 Windows 10 版本的操作系统，同时配置有 120GB 的固态硬盘，而 VMware ESXi 虚拟机则存储在这个固态硬盘上。下面介绍实验步骤。

（1）打开"计算机管理"窗口，为固态硬盘创建一个分区，并分配一个盘符，如果没有固态硬盘或已存在分区，则可略过此步。

（2）在主机上安装 VMware Workstation 14.0 Pro 版本，打开虚拟机配置页，在"工作区"中修改虚拟机的默认位置为固态硬盘所在的分区，如 E:\VmWarePC\ESXi6。

（3）在"内存"中，选择"调整所有虚拟机内存使其适应预留的主机 RAM"。

【说明】如果没有固态硬盘，则选择一个空间比较大的分区来存放虚拟机。

（4）在 VMware Workstation 主窗口中，单击"创建新的虚拟机"按钮如图 6-5 所示。

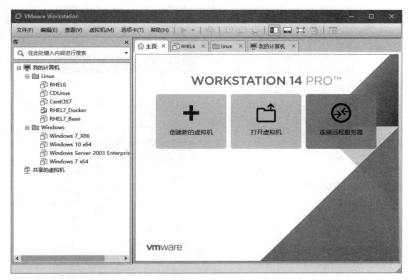

图 6-5　VMware Workstation 主窗口中新建虚拟机

（5）在"新建虚拟机向导"页面上，选择"自定义"选项。

（6）在"选择虚拟机硬件兼容性"对话框中，采用默认的设置，直接单击对话框中"下一步"按钮即可。

（7）在"安装客户机操作系统"对话框中，选择"稍后安装操作系统"选项，单击"下一步"按钮。

（8）在"选择客户机操作系统"对话框中，选中"VMware ESX"单选按钮，版本选择"VMware ESXi 6.5 和更高版本"，如图 6-6 所示。单击"下一步"按钮继续。

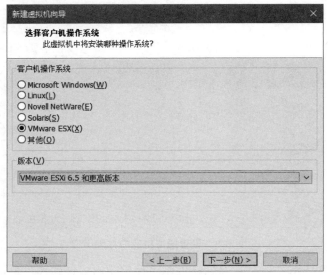

图 6-6　选择客户机操作系统

（9）在"命名虚拟机"对话框中，设置虚拟机的名称和位置，如图 6-7 所示，单击"下一步"按钮继续。

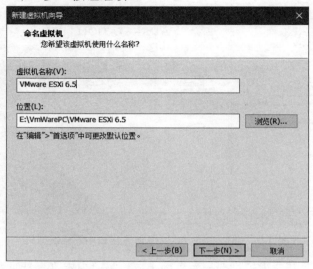

图 6-7　命名虚拟机

（10）在"处理器配置"对话框中，为安装 VMware ESXi 的虚拟机分配 2 个处理器，单击"下一步"按钮继续。

（11）在"此虚拟机的内存"对话框中，为 VMware ESXi 6.5 虚拟机分配至少 4GB 的内存，如图 6-8 所示，单击"下一步"按钮继续。

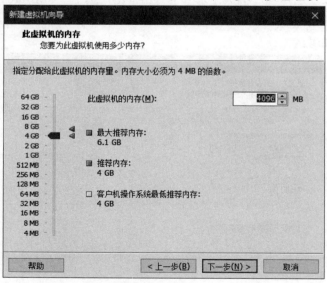

图 6-8　设置虚拟机的内存大小

（12）在"网络类型"对话框选中"使用网络地址转换"单选按钮，具体每种网络连接的用途请参考图 6-9 中的说明，单击"下一步"按钮继续。

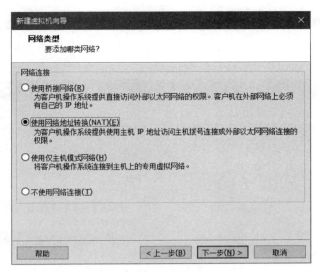

图 6-9　设置虚拟机的网络类型

（13）在"选择 I/O 控制器类型"对话框中，选择推荐设置即可，在此为"准虚拟化 SCSI"，单击"下一步"按钮继续。

（14）在"选择磁盘类型"对话框中，选择默认推荐设置即可，在此为"SCSI"，单击"下一步"按钮继续。

（15）在"选择磁盘"对话框中，选择"创建新虚拟磁盘"选项。

（16）在"指定磁盘容量"对话框中，设置磁盘大小为 1GB，如图 6-10 所示。在安装 VMware ESXi 时，如果将 VMware ESXi 安装在小于 1GB 的磁盘上，将不会显示存储，在本实验中将验证这个现象。另外可以在安装 VMware ESXi 之后再添加第 2 个虚拟硬盘做存储，单击"下一步"按钮继续。

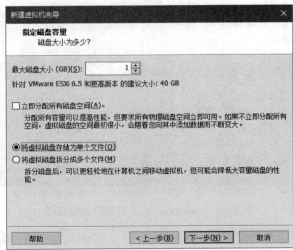

图 6-10　设置虚拟机的磁盘大小

（17）其他则选择默认配置，直到创建虚拟机完成，然后修改虚拟机设置，选择 VMware ESXi 6.5 安装光盘镜像作为虚拟机的光驱，如图 6-11 所示。

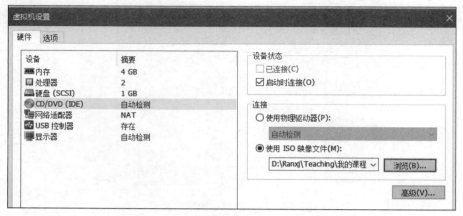

图 6-11　虚拟机光驱设置

设置完虚拟机的基本配置后，就可以启动 VMware ESXi 6.5 的虚拟机，开始 VMware ESXi 6.5 的安装，主要步骤如下。

（1）系统首次从光盘启动，进入"Boot Menu"启动菜单选择页，如图 6-12 所示。在第一个选项"ESXi-6.5.0-20170702001-standard Installer"上按 Enter 键开始进行安装。

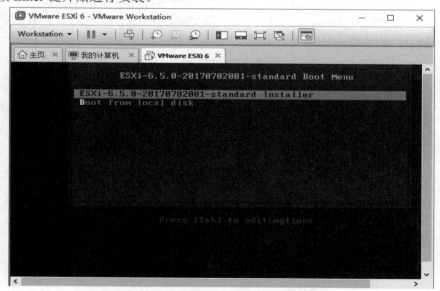

图 6-12　VMware ESXi 安装启动菜单页

（2）在安装的过程中，VMware ESXi 会检测当前主机的硬件配置并显示出来，如图 6-13 所示。

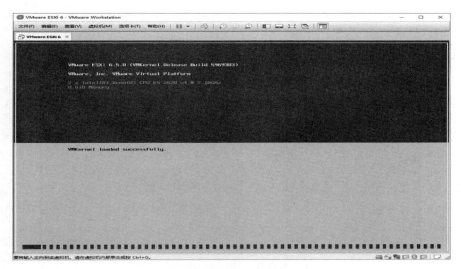

图 6-13　检测当前主机配置

（3）在"Welcome to the VMware ESXi 6.5.0 Installation"对话框中，按 Enter 键开始安装，如图 6-14 所示。

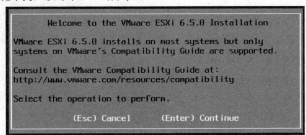

图 6-14　按 Enter 键开始安装

（4）在"End User License Agreement（EULA）"对话框中，按 F11 键接受许可协议，如图 6-15 所示。

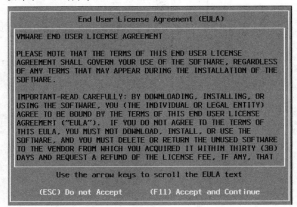

图 6-15　按 F11 键接受许可协议

（5）在"Select a Disk to Install or Upgrade"对话框中，选择安装位置，在本例中将 VMware ESXi 安装到 1GB 的虚拟硬盘上，如图 6-16 所示。

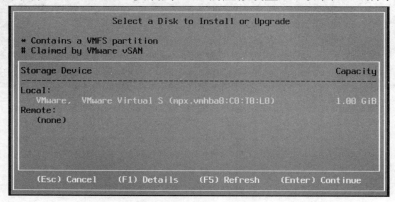

图 6-16 选择安装位置

（6）在"Please select a keyboard layout"对话框中，选择"US Default"选项，然后按 Enter 键继续安装，如图 6-17 所示。

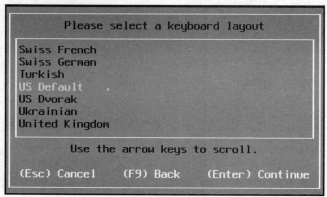

图 6-17 选择键盘布局

（7）在"Enter a root password"对话框中，设置 root 用户的密码，要求密码长度最小是 7 个字符，如图 6-18 所示。

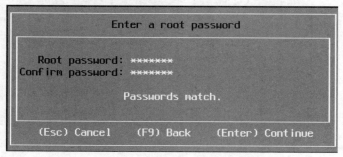

图 6-18 设置 root 用户密码

（8）由于是在一台新的虚拟磁盘上安装，系统会弹出"Confirm Install"对话框，提示这个磁盘会被重新分区，重新分区则会导致硬盘上的所有数据将会被删除，如图 6-19 所示。

图 6-19　安装前的确认

（9）按 F11 键之后 VMware ESXi 会开始安装，并显示安装进度，如图 6-20 所示。等待大约 5 分钟左右，安装完成。

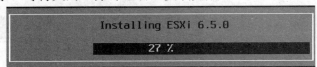

图 6-20　安装进度提示

（10）安装完成后，会弹出"Installation Complete"对话框，提示在重新启动之前取出 ESXi 6.5.0 的安装媒体，按 Enter 键将重新启动，如图 6-21 所示。

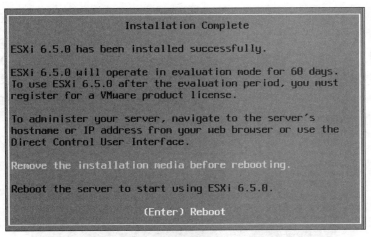

图 6-21　安装完成取出安装光盘并重启

（11）当 VMware ESXi 启动成功后，在控制台窗口可以看到当前服务器的信息，如图 6-22 所示。其中显示了 VMware ESXi 6.5 当前运行服务器的 CPU 型号、内存大小与管理地址。

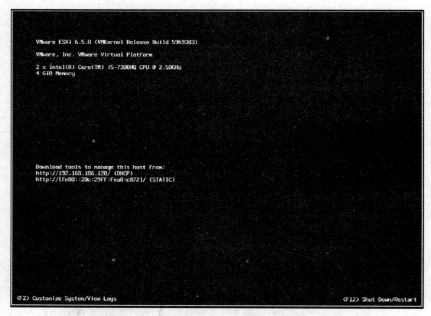

图 6-22 VMware ESXi 启动界面

【说明】在 VMware ESXi 6.5 中，默认的控制台管理地址是通过 DHCP 分配的，如果网络中没有 DHCP 或者 DHCP 没有可用的地址，其管理控制台的地址可能是 0.0.0.0 或 169.254.x.x。如果是这样，需要在控制台中设置（或修改）管理地址后才能使用 vSphere Client 管理。

安装好 VMware ESXi 之后，可以通过浏览器登录到 VMware ESXi，主要步骤如下。

（1）在主机上打开浏览器，输入 http://192.168.186.128，打开 VMware ESXi 登录页面，如图 6-23 所示。输入用户名 root，密码为安装时设置的至少 7 位的密码。输入正确后，单击"登录"按钮，登录到 VMware ESXi 管理页面，如图 6-24 所示。

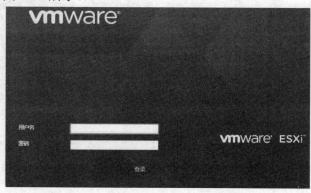

图 6-23 VMware ESXi 登录界面

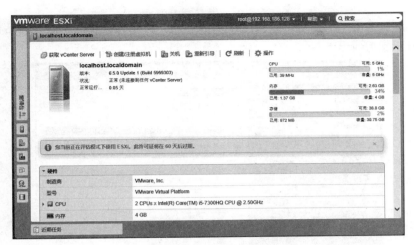

图 6-24　VMware ESXi 管理页面

初次登录时，由于安装 ESXi 时的硬盘分区为 1GB，因此在系统中显示的存储容量为 0GB。此时在 VMware ESXi 虚拟机中再次添加一个虚拟硬盘，并将其作为 ESXi 的永久存储即可。

（2）切换到 VMware Workstation，右击 VMware ESXi6.5 虚拟机，在快捷菜单中选择"设置"命令。

（3）在"设置"对话框中选择"硬盘"选项，单击"添加"按钮，添加一个新的虚拟磁盘。选择"硬盘"选项，单击"下一步"按钮，选择"SCSI"类型的磁盘，继续单击"下一步"按钮，选择"创建新的虚拟磁盘"选项，继续单击"下一步"按钮，设置磁盘容量为"40GB"，单击"下一步"按钮，创建新磁盘成功。

（4）返回 vSphere Web Client 浏览器客户端，在左侧"导航器"栏中找到"存储"选项，单击"存储"链接打开存储内容，如图 6-25 所示。

图 6-25　VMware ESXi 存储管理

（5）单击"新建数据存储"按钮，打开"新建数据存储"向导对话框，如图 6-26 所示。

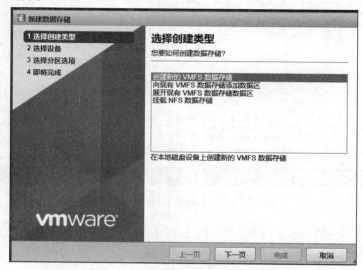

图 6-26　新建存储向导

（6）选择"创建新的 VMFS 数据存储"选项，然后单击"下一页"按钮，进入"选择设备"界面。

（7）如图 6-27 所示，选择下方列出的空闲设备，并在"名称"文本框中输入数据存储器的名字，如 Disk2，然后单击"下一页"按钮，进入"选择分区选项"界面。

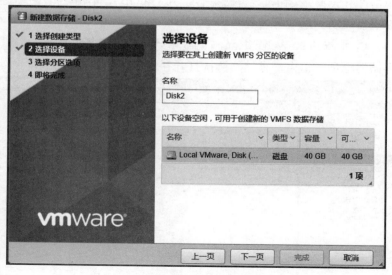

图 6-27　选择存储设备

（8）"选择分区选项"采用默认设置，即使用全部磁盘，并使用 VMFS 5

分区文件系统，如图 6-28 所示。单击"下一页"按钮，进入"即将完成"界面，其中显示了设备的配置摘要信息，如图 6-29 所示。单击"完成"按钮，此时将弹出"警告"对话框，提示"将清除此磁盘上的全部内容并替换为指定配置，是否确定？"，单击"是"按钮，完成设置。

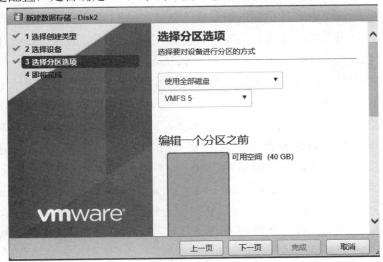

图 6-28　选择存储分区

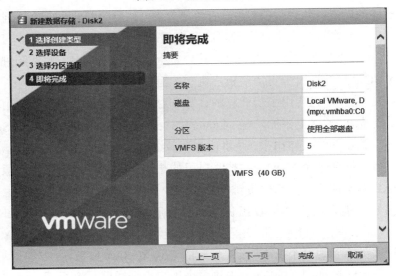

图 6-29　完成新建数据存储

6.2.3　VMware vCloud Director 介绍

VMware vCloud Director（以下简称 vCD）是基于 VMware vSphere 的虚拟化能力，并扩展了 VMware vCenter 的资源池功能以使 IT 部门能够创建虚拟数据中心（Virtual Data Center，VDC），即由计算、网络和存储资源组成的资源池以及预定义的管理策略、服务水平协议和定价机制，并为用户提供基于 VDC 的计算资源和能在其上部署应用。在用户体验方面，与同为管理软件的 VMware vCenter 不同的是，vCD 在用户界面上并没有选择传统的客户端，而是基于 Adobe Flex RIA 技术的 Web UI。通过 Web UI，用户只需通过鼠标的单击或者少量的键盘输入就能完成包括云的创建和管理、网络的设置和应用的部署等一些极为耗时和烦琐的操作，而且还基于开放的 OVF 协议，并提供使用 REST 技术的 vCloud API。

除了上面提到的这些基本功能之外，在计费方面，vCD 还集成了最新的 VMware vCenter Chargeback 1.5 版来完成计算资源使用的计费工作。在安全方面，vCD 还整合了 VMware vShield 技术来提升云计算中心的安全性。另外，VMware 还推出了和 vCD 相关的 VMware vCloud 数据中心服务，通过这个服务，vCD 用户能借助 VMware 广泛的技术合作伙伴和服务提供商生态系统，通过引入安全、兼容的公共云来扩展数据中心，并且像管理私有云那样轻松地管理公共云。通过这种混合模式，用户能在不降低安全性或控制力的情况下获得云计算的好处，而且还在对企业非常关键的合规性和安全方面有完善的支持。

无论是一个私有云还是公有云，它们都很有可能面对各种类型的客户或者多样的场景，所以 vCD 并没有将所有的 IT 资源都归于一个云或者一个用户中，而在设计上支持资源隔离和多租户这样的机制，为了这个目标，vCD 引入了两个非常核心的概念：其一是上面提到过的用于对资源进行隔离的 VDC；其二是用于支持多租户机制的组织。

VDC 是一个包含用于云计算的计算和存储等资源的集合，在使用上，管理员首先在 vCD 上添加一些 vCenter Server，这样能将这些 vCenter Server 管理的计算资源给公布出来，并将这些资源组合成一个巨大的资源池，之后管理员可以创建一个 VDC，并按照自己的想法或者某些规则来将资源池中的部分或者全部计算和存储资源添加到这个新建的 VDC 中，例如，管理员可以按照性能，将性能比较出色的计算和存储资源分配给名为 Tier1 的 VDC，而将那些在性能上非常落后的硬件资源归为一个名为 Tier2 的 VDC。同时管理员可以为每个 VDC 设置相应的 Cost 和 SLA 参数。

管理员通过规则（Policy）来将多个用户组合成同一个组织，例如，属于财务部门的人员都归类到财务部门这个组织等，而且每个组织都有自己独占的虚拟资源和目录（Catalog）、独立的 LDAP 认证系统和特定的规则管理。通过组织这个特性能够让多个单位分享同一套基础设施，而且 vCD 会为每个组织生成不同的 URL 来让它们登录，在每个组织内部，管理员可以创建其下属的用户和小组，还可以为每个组织设定相应的租约（Lease）、额度（Quota）和限制（Limit）等参数。此外，组织中的用户可以通过三种方式进行认证：其一是使用 vCD 本地数据库；其二是使用与 vCD 相匹配的 Active Directory 或者 LDAP 服务器；其三是使用这个组织特定的 Active Directory 或者 LDAP 服务器。

　　VDC 和组织之间的关系如图 6-30 所示。首先，VDC 按照规模大小分为两个类别，即 Provider 级和 Organization 级。在使用的时候，管理员先创建多个 Provider VDC，例如图中的 Gold VDC 和 Silver VDC 等。之后，管理员在 Provider VDC 的基础上为组织创建新的 Organization VDC，例如图中的 Org 1 Gold VDC。同时需要注意的是一个 Organization VDC 能够和创建其的 Provider VDC 一样大，并且一个组织可以拥有多个 Organization VDC。

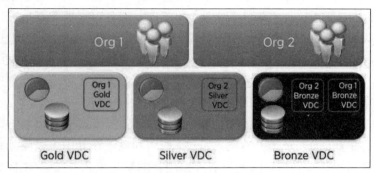

图 6-30　VDC 和组织的关系

　　另外，Provider VDC 可以通过三种方式在其上创建 Organization VDC：其一是按需使用，只有当用户在 Organization VDC 上部署了一个虚拟机，才会消耗相关 Provider VDC 的资源；其二是预留池（Reservation Pool）机制，在 Organization VDC 创建的时候，Provider VDC 会分配一定的资源，通过由组织来控制诸如共享值（Shares）和保留值（Reservations）等高级资源管理配置；其三是分配池（Allocation Pool）机制，这个机制和前面的预留池机制相同的是，Provider VDC 会为 Organization VDC 分配一定的资源，但是类似共享值和保留值等高级资源管理配置则由负责 Provider VDC 的管理员设置。

　　在网络方面，vCD 主要有两大类机制：其一是外部网络（External Network）机制；其二是网络池（Network Pools）机制。

　　在 vCD 中，外部网络机制主要给部署的虚拟机提供链接此虚拟机所属组织之外网络（包括属于其他组织的网络或者互联网）的能力，在实现上面，一个外部网络就是一个用于传输对外虚拟机流量的 PortGroup，这个 PortGroup 通过使用一个 VLAN 标签（tag）来实现网络的隔离。在使用方面,管理员会首先创建一个外部网络,需要填写的参数有网络的子网掩码、默认的网关、首选和备选的 DNS 地址、DNS 前缀和静态 IP 地址池,之后将这个外部网络和相关的虚拟机联系起来即可。

网络池是一系列隔离的 Layer 2 的网段,而且网络池是用来创建组织和虚拟机网络的基石,主要用于组织内部虚拟机之间的通信,并且它也确保网络能够在云中自动地被使用和部署。在使用方面,每当用户部署一个虚拟机,都会消耗其对应网络池的一个 IP 地址。在实现方面,网络池主要是由三种技术支持:其一是基于 VLAN 的;其二是依赖 vCD 自己的网络隔离技术 VCDNI(VMware vCloud Director Network Isolation technology);其三是使用 PortGroup。

在 vCD 中,目录主要是用于存储各种资源的容器,一个目录隶属于一个组织,并主要由这个组织的管理员负责创建,而且可根据需要来设置这个目录的共享设置。主要存储的东西包括两大类:其一是 vApp,它是基于 OVF 格式的虚拟器件,通过部署 vApp 来快速搭建一个包含多个虚拟机的应用;其二是一些诸如 ISO 格式和 floppy 格式的镜像和介质,可用于在虚拟机上安装操作系统或者传递数据给虚拟机。

在安全方面,由于传统的企业安全依赖于代理、专属硬件以及与硬件相关的脆弱配置,而云环境具有动态特性,应用和服务在其中可以随处移动并采取了共享的基础架构,因此有必要采用新的安全模式。所以 vCD 集成了专门针对虚拟环境和云环境安全模式的 vShield 安全技术,并在 2012 年的 VMworld 大会上推出了三款新的产品,即 VMware vShield Edge、VMware vShield App 和 VMware vShield Endpoint,它们可以对包括防火墙、虚拟专用网(VPN)和负载均衡等在内的安全和边缘服务进行虚拟化,使它们摆脱物理基础架构的束缚,并提供了单一的、自适应的、可编程的安全基础架构。这有利于解决传统模式过于复杂且缺乏灵活性等问题,为 IT 团队提供更好的可见性和控制力。如果与 VMware 合作伙伴的解决方案结合起来使用,VMware vShield 将能够提供比传统的物理部署模式更加安全的 VMware 虚拟化环境和云环境,而成本仅为后者的很小一部分。

在计费方面,vCD 利用最新版的 VMware vCenter Chargeback 来实现。Chargeback 主要用来进行准确的成本测算、分析和报告,以实现成本透明和责任落实,并使用户能够将 IT 成本与业务单位、成本中心或外部客户对应起来,从而帮助用户更好地了解资源成本是多少,这样不仅能让业务所有者和 IT 人员了解支持业务服务所需的实际虚拟基础架构成本,而且还可以获知可通过哪些途径来优化资源利用率,以降低总体 IT 基础架构开支。另外,通过与 Chargeback 的整合,vCD 可以对多种云资源的使用情况进行计费,如存储资源、网络资源和 vShield 服务所消耗的资源等，而且可以为不同的组织生成不同的报表。

虽然公有云服务提供了在自助的、基于使用付费的模式中交付计算能力的替代方案，但是诸多不利因素依然限制了公共云服务在企业内部的广泛采用，例如安全问题、不确定的服务水平协议、缺乏法规遵从以及对于厂商锁定的担忧等。VMware vCloud 数据中心服务则为企业提供了一种新的方式，在将数据中心扩展至外部云的同时保持安全性、法规遵从和服务质量。VMware vCloud 数据中心服务由包括 Bluelock、Colt、SingTel、Terremark和 Verizon 等在内的数家全球领先的服务提供商提供，采用了全球统一的基础架构以及管理和安全模式，使企业客户能够在内部虚拟化的基础架构与外部云之间进行工作负载的迁移。

在兼容性和安全方面，VMware vCloud 数据中心服务提供了经过VMware 认证的兼容性、可移植性、可审计的安全控制、SAS-70-Type-II 或ISO-27001 认证、包括状态防火墙和两层网络隔离的虚拟应用安全性、基于角色的访问控制以及 LDAP 目录验证。

总的来说，vCD 这款产品主要是通过整合多个基于 vCenter Server 的资源池来实现一个基本完备的 IaaS 云。虽然在功能上面，vCD 所支持的功能无法和 Amazon EC2 之类专业的 IaaS 云相媲美，但是其在安全和计费等方面都有所涉及，再加上 VMware 原有虚拟化软件在企业数据中心的统治性，可以预见这款产品非常适合那些已经在 VMware 技术上有一定的投入，并想体验云计算优越性的企业用户。

借助 vCD，用户可以将基础架构资源整合成虚拟数据中心资源池，并允许用户按需消费这些资源，从而构建安全的多租户混合云。vCD 可将数据中心资源（包括计算、存储和网络）及其相关策略整合成虚拟数据中心资源池。完全封装的多层虚拟机服务可使用开放式虚拟化格式作为 vApp交付。

通过有计划地对基础架构、用户和服务进行基于策略的池化，vCD 能够智能地实施策略并带来前所未有的灵活性和可移植性。

通过使用 vSphere 和 vCD 构建安全、经济、高效的混合云，IT 部门可以成为它们所支持的业务部门的真正服务提供方，从而自信、可控地推动敏捷性和效率。

为了实现服务移动性，vCD 采用 vCloud API 和 OVF 等开放式标准，因此管理员可以跨云打包和迁移工作负载。通过在 vApp 中封装多个虚拟机服务和相关的网络连接策略，同一个云环境的终端用户彼此之间可以轻松共享服务，而 IT 部门则可以轻松地在云之间迁移服务。

终端用户和 IT 部门现在都可以将服务作为灵活、可移动的单元进行处理，而不让服务受到特定部署环境的制约。

6.2.4　vFabric 相关产品的介绍

VMware vFabric Suite 是一款面向数据密集型自定义应用的轻量级、可扩展的集成中间件套装，可在内部或云中使用。2009 年 8 月 VMware 收购了 SpringSource，形成 vFabric 套件产品，将 Spring 框架工具与 vFabric 平台服务组合，加快了可即时扩展和具有云端移植性的新一代应用程序的交付速度。

vFabric 针对全球超过 50%的 Java 开发人员使用的开源代码 Spring Framework 进行了优化，不但非常适用于 VMware vSphere 虚拟基础架构，而且还为自定义应用提供了一条通往云计算的明确途径。

vFabric 套件从计算中心基础架构、应用开发运行平台和终端客户访问三个层面，检验潜在风险和技术价值，为客户量身定制云计算解决方案。它包括 SpringSource 开发工具和 vFabric 企业级应用程序服务。

vFabric 套件包括以下产品。

❏ VMware vFabric tc Server：作为 VMware vFabric 云计算应用平台的核心运行时服务器，tc Server 是在 Spring Edition、Standard Edition 和 Developer Edition 中构建和运行 Spring 应用程序的最佳平台，并且凭借其轻量级占用空间，非常适合在虚拟和云计算环境中使用。tc Server 是企业版的 Apache Tomcat，增加了许多核心功能用来提高开发人员的效率、运营控制能力和部署灵活性，并且全部提供相应的关键任务支持。

❏ VMware vFabric Hypetic：Hyperic 是领先的 Web 和自定义应用程序监控与管理平台，适用于数据中心、虚拟环境或云。Hyperic 针对基础架构的所有层提供所需的自顶向下的可视性和控制，可减少应用程序停机时间，从而确保应用程序满足其服务级别承诺。Hyperic 可自动发现、监控和管理软件、服务及网络资源，不限类型或位置，并且提供综合的性能和可用性视图。

❏ VMware vFabric GemFire：GemFire 通常用作 OLTP 操作记录的数据库，也可用作缓存。作为可信的企业数据处理程序，GemFire 可提供常用的数据库功能，包括高可用性、容错、备份/恢复、事务处理、磁盘耐用性等，并且与现有数据存储集成，可支持旧版应用程序。

❏ VMware vFabric RabbitMQ：RabbitMQ 基于 AMQP 标准（高级消

息队列协议），提供云规模消息传递。RabbitMQ 是二进制协议，
可优化与其他语言和系统的互操作性。

❑ VMware vFabric NAPA：NAPA 是 vFabric APP 控制器的项目名
称，提供"平台即服务"，通过自动执行大量基础任务以便部署
总体环境来实现业务支持。

无论是在企业内部还是在公有云中，越来越多的应用开始部署到虚拟
基础架构中。vFabric 套件非常适合在 VMware vSphere 上运行，能够充分
利用虚拟化所具有的高效性。vFabric tc Server、RabbitMQ、SQLFire 和
GemFire 所占空间很小，可实现更高的整合率和利用率。vFabric Application
Director 可进行自动调配以实现快速的应用基础架构横向扩展。针对 Java 的
vFabric 弹性内存（EM4J），vPostgres 具有针对 vSphere 的内置内存优化功
能。vFabric Application Performance Manager 与 VMware vCenter 集成，可对
整个体系的应用性能提供无可比拟的可见性。

vFabric Suite 为用户的 Spring 应用程序提供经验证的运行时平台。无论
是面向开发人员的功能（例如与 SpringSource Tool Suite 集成，通过 vFabric
tc Server、 Spring AMQP 的 Spring Insight 功能深入了解应用性能以采用
vFabric RabbitMQ 进行消息传递），还是 Spring Data 项目（可简化对 vFabric
GemFire、SQLFire 和 Postgres 的访问），将会发现正是这些丰富的功能使
vFabric 套件成为运行 Spring 应用程序的最佳平台。另外，vFabric 套件还支
持将 Spring 应用程序部署到生产环境中。

🔺 6.3 搭建 OpenStack 平台

OpenStack 是一个开源的云计算管理平台项目，由几个主要的组件组合
起来完成具体工作。OpenStack 支持几乎所有类型的云环境，项目目标是提
供实施简单、可大规模扩展、丰富、标准统一的云计算管理平台。OpenStack
通过各种互补的服务提供了 IaaS 的解决方案，为每个服务提供 API 以进
行集成。

OpenStack 是一个旨在为公共及私有云的建设与管理提供软件的开源
项目。它的社区拥有超过 130 家企业及 1350 位开发者，这些机构与个人都
将 OpenStack 作为 IaaS 资源的通用前端。OpenStack 项目的首要任务是简化
云的部署过程并为其带来良好的可扩展性。

OpenStack 云计算平台，帮助服务商和企业内部实现类似于 Amazon

EC2 和 S3 的云基础架构服务。OpenStack 包含两个主要模块：Nova 和 Swift，前者是 NASA 开发的虚拟服务器部署和业务计算模块；后者是 Rackspace 开发的分布式云存储模块，二者可以一起使用，也可以分开单独使用。OpenStack 除了有 Rackspace 和 NASA 的大力支持外，还有包括 Dell、Citrix、Cisco 等重量级公司的贡献和支持，发展速度非常快，有取代另一个业界领先开源云平台 Eucalyptus 的态势。

作为最火爆的开源云技术，OpenStack 自诞生以来就备受关注。经过几年的打磨，如今的 OpenStack 已经成为仅次于 Linux 的全球第二大活跃的开源社区，有超过 585 家企业、近 4 万人通过各种方式支持着这个超过 2000 万行代码的开源项目，世界 100 强企业中 50% 的企业采用了 OpenStack，开发者和用户遍及全球。可以说经过近几年的快速发展，OpenStack 已经逐渐成了全球发展最快的开源项目。

从最初的版本 Austin（2010 年 10 月）发布至今，OpenStack 已经经历了 16 个版本的发布，从历史角度了解它的演变过程，更容易理解 OpenStack。

OpenStack 每个主版本系列都是以字母表顺序命名的，从 A～Z，OpenStack 使用了 YYYY.N 表示法，基于发布的年份以及当时发布的主版本来指定其发布。例如，2011 Bexar 发布的版本号为 2011.1，而 Cactus 则被标志为 2011.2，Diablo 主版本被标志为 2011.3，而 Diablo 次要版本则用 2011.3.1 表示（后面加了扩展位）。

OpenStack 的每一个版本都纳入了新的功能、添加了文档，并以增量的方式提高部署的简易性，下面对每个版本分别加以介绍。

（1）2010 年 10 月的 Austin。作为 OpenStack 的第一个正式版本，Austin 主要包含两个子项目，其中 Swift 是对象存储模块，Nova 是计算模块；带有一个简单的控制台，允许用户通过 Web 管理计算和存储；带有一个部分实现的 Image 文件管理模块，未正式发布。

（2）2011 年 2 月的 Bexar。Bexar 在此基础上补充了 Image Service（Glance），它在许多方面与计算和存储有交集。镜像代表存储在 OpenStack 上的模板虚拟机，用于按需快速启动计算实例；Swift 增加了对大文件（大于 5GB）的支持；增加了支持 S3 接口的中间件；增加了一个认证服务中间件 Swauth；Nova 增加了对 raw 磁盘镜像和对微软 Hyper-V 的支持；开始了 Dashboard 控制台的开发。

（3）2011 年 4 月的 Cactus。Nova 增加了新的虚拟化技术支持，如 LXC 容器、VMWare/vSphere、ESX/ESXi 4.1；支持动态迁移运行中的虚拟机；增加了支持 Lefthand/HP SAN 作为卷存储的后端。

（4）2011 年 9 月的 Diablo。Nova 整合了 Keystone 认证；支持 KVN 的暂停恢复；支持 KVM 的块迁移；采用了全局防火墙规则。

（5）2012 年 4 月的 Essex。Essex 的发布增加了两个核心项目。OpenStack Identity（Keystone）隔离之前由 Nova 处理的用户管理元素，而 OpenStack Dashboard（Horizon）的引入则标准化和简化了用户界面（UI），使之同时适用于每个租户和 OpenStack 管理人员。

（6）2012 年 9 月的 Folsom。Folsom 使得版本数量又增加了两个。增加了 Cinder 块存储，以及 Quantum 网络模块。正式发布 Quantum 项目，提供网络管理服务；正式发布 Cinder 项目，提供块存储服务；Nova 中 libvirt 驱动增加了支持以 LVM 为后端的虚拟机实例；Xen API 增加了支持动态迁移、块迁移等功能；增加了可信计算池功能；卷管理服务抽离成 Cinder。

（7）2013 年 4 月的 Grizzly。Nova 支持将分布于不同地理位置的机器组织成的集群划分为一个 cell；通过 Glance 提供的 Image 位置 URL 直接获取 Image 内容以加速启动；支持无 Image 条件下启动带块设备的实例；支持为虚拟机实例设置（CPU、磁盘 I/O、网络带宽）配额；在 Keystone 中使用 PKI 签名令牌代替传统的 UUID 令牌；在 Quantum 中可以根据安全策略对 3 层和 4 层的包进行过滤；引入仍在开发中的 load balancer 服务；Cinder 中支持光纤通道连接设备；支持 LIO 做 ISCSI 的后端。

（8）2013 年 10 月的 Havana。正式发布 Ceilometer 项目，进行（内部）数据统计，可用于监控报警；正式发布 Heat 项目，让应用开发者通过模板定义基础架构并自动部署；网络服务 Quantum 变更为 Neutron；Nova 中支持在使用 cell 时同一 cell 中虚拟机的动态迁移；支持 Docker 管理的容器；使用 Cinder 卷时支持加密；增加自然支持 GlusterFS；在 Glance 中按组限制对 Image 的元属性的访问修改；增加使用 RPC-over-HTTP 的注册 API；增加支持 Sheepdog、Cinder、GridFS 做后端存储；在 Neutron 中引入一种新的边界网络防火墙服务；可通过 VPN 服务插件支持 IPSec VPN；在 Cinder 中支持直接使用裸盘做存储设备，无须再创建 LVM；新支持的厂商中包含 IBM 的 GPFS。

（9）2014 年 4 月的 Icehouse。针对集成项目（Integrated Project），主要关注每个项目的稳定性与成熟度，同时包含新功能以及更好地与平台其他服务相整合；一致性的用户体验，提高测试的门槛，特别是针对存储方面；对象存储（Swift）项目有一些大的更新，包括可发现性的引入和一个全新的复制过程（称为 s-sync）以提高性能；新的块存储功能使 OpenStack 在异构环境中拥有更好的性能；联合身份验证将允许用户通过相同的认证信息同时访问 OpenStack 私有云与公有云；新项目 Trove（DB as a Service）现在已经成为版本中的组成部分，它允许用户在 OpenStack 环境中管理关系数据库服务。

（10）2014 年 10 月的 Juno。Nova 网络功能虚拟化项目组在 2014 年 5 月的 Atlanta 峰会成立；通过 StackForge 增加了多个重要的驱动，如支持 Ironic 和 Docker；支持调度和在线升级；Cinder 块存储添加了 10 种新的存储后端；改进了第三方存储系统的测试；Cinder v2 API 集成进 Nova；块存储在每个开发周期中不断成熟；Neutron 支持 IPv6 和第三方驱动；支持分布式网络模式；Swift 存储策略的推出对于对象存储是具有里程碑意义的，存储策略给予用户更多的控制与性能的提升；支持 Keystone；Horizon 支持部署 Apache Hadoop 集群；Keystone 与 LDAP 的集成更加便捷；Heat 出错后更易于回滚操作和环境清理；可以授权无权限用户操作；Ceilometer 提高了性能；Sahara 应用 Hadoop 和 Spark 实现了大数据的集群快速搭建与管理。

（11）2015 年 4 月的 Kilo。Horizon 在 Kilo 版本除了增强了对新增模块的支持，从 UE 的角度也为我们带来了很多新功能，如裸机服务 Ironic 完全发布，增加了互操作性。

（12）2015 年 10 月的 Liberty。在 Liberty 版本中，更加精细的访问控制和更简洁的管理功能非常亮眼，这些功能直接满足了 OpenStack 运营人员的需求；增加了通用库应用和更有效的配置管理功能；为 Heat 编排和 Neutron 网络项目增加了基于角色的访问控制（RBAC），这些可以帮助运维人员更好地调试不同级别的网络以及编排功能的安全设置和 API；更面向企业，包括开始对跨一系列产品进行滚动升级的支持，以及对管理性和可扩展性的增强；引入了 Magum 容器管理，支持 Kubernetes、Mesos 和 Docker Swarm。

（13）2016 年 4 月的 Mitaka。OpenStack 的第 13 个版本，Mitaka 聚焦于可管理性、可扩展性和终端用户体验三方面。重点在用户体验上简化了 Nova 和 Keynote 的使用；使用一致的 API 调用创建资源；Mitaka 版本中可以处理更大的负载和更为复杂的横向扩展。

（14）2016 年 10 月的 Newton。OpenStack 的第 14 个版本，新功能主要提升了开发者在容器集群管理、网络、可扩展性和弹性方面的体验。使得应用开发者在虚拟化、裸机及容器对裸机配置服务、容器调度集群管理器以及容器网络的升级变得更容易。

（15）2017 年 2 月的 Ocata。该版本从以下方面做了改进：Nova 提升了可扩展性；Horizon 仪表板现在提供新的 OS 配置；Keystone 身份联动机制；Ironic 裸机服务迎来网络与驱动程序增强；Telemetry 各项目实现性能与 CPU 使用量改进；Cinder 块存储服务中的主动高可用性可通过驱动程序实现；Congress 治理框架政策语言增强，实现更好的网络与安全性治理。

（16）2017 年 8 月的 Pike。Pike 是目前最新发布的版本，对 OpenStack 18 个组件的 53 个核心功能进行了升级优化。

2018 年将发布 OpenStack Q（Queens）和 R（Rocky）版本，两个版本将继续以 O 版为基础不断演进，包含许多重要的功能和更新，进一步优化用户界面并改善现有 API 的功能。

Q 版（Queens）和 R 版（Rocky）还没有正式的发布日期计划，但按惯例会在 2018 年 2 月和 8 月底先后发布。

OpenStack 覆盖了网络、虚拟化、操作系统、服务器等各个方面。它是一个正在开发中的云计算平台项目，根据成熟及重要程度的不同，被分解成核心项目、孵化项目，以及支持项目和相关项目。每个项目都有自己的委员会和项目技术主管，而且每个项目都不是一成不变的，孵化项目可以根据发展的成熟度和重要性，转变为核心项目。截止 Icehouse 版本，下面列出了10 个核心项目（即 OpenStack 服务）。

- ❑ 计算（Compute）：Nova。一套控制器，用于为单个用户或使用群组管理虚拟机实例的整个生命周期，根据用户需求来提供虚拟服务。负责虚拟机创建、开机、关机、挂起、暂停、调整、迁移、重启、销毁等操作，配置 CPU、内存等信息规格。自 Austin 版本集成到项目中。

- ❑ 对象存储（Object Storage）：Swift。一套用于在大规模可扩展系统中通过内置冗余及高容错机制实现对象存储的系统，允许进行存储或者检索文件。可为 Glance 提供镜像存储，为 Cinder 提供卷备份服务。自 Austin 版本集成到项目中。

- ❑ 镜像服务（Image Service）：Glance。一套虚拟机镜像查找及检索系统，支持多种虚拟机镜像格式（AKI、AMI、ARI、ISO、QCOW2、Raw、VDI、VHD、VMDK），有创建上传镜像、删除镜像、编辑镜像基本信息的功能。自 Bexar 版本集成到项目中。

- ❑ 身份服务（Identity Service）：Keystone。为 OpenStack 其他服务提供身份验证、服务规则和服务令牌的功能，管理 Domains、

Projects、Users、Groups、Roles。自 Essex 版本集成到项目中。

❑ 网络&地址管理（Network）：Neutron。提供云计算的网络虚拟化技术，为 OpenStack 其他服务提供网络连接服务。为用户提供接口，可以定义 Network、Subnet、Router，配置 DHCP、DNS、负载均衡、L3 服务，网络支持 GRE、VLAN。插件架构支持许多主流的网络厂家和技术，如 OpenvSwitch。自 Folsom 版本集成到项目中。

❑ 块存储（Block Storage）：Cinder。为运行实例提供稳定的数据块存储服务，它的插件驱动架构有利于块设备的创建和管理，如创建卷、删除卷、在实例上挂载和卸载卷。自 Folsom 版本集成到项目中。

❑ UI 界面（Dashboard）：Horizon。OpenStack 中各种服务的 Web 管理门户，用于简化用户对服务的操作，例如启动实例、分配 IP 地址、配置访问控制等。自 Essex 版本集成到项目中。

❑ 测量（Metering）：Ceilometer。像一个漏斗一样，能把 OpenStack 内部发生的几乎所有事件都收集起来，然后为计费和监控以及其他服务提供数据支撑。自 Havana 版本集成到项目中。

❑ 部署编排（Orchestration）：Heat。提供了一种通过模板定义的协同部署方式，实现云基础设施软件运行环境（计算、存储和网络资源）的自动化部署。自 Havana 版本集成到项目中。

❑ 数据库服务（Database Service）：Trove。为用户在 OpenStack 的环境提供可扩展和可靠的关系、以及非关系数据库引擎服务。自 Icehouse 版本集成到项目中。

6.3.1 利用 Fuel 工具搭建 OpenStack 云平台

由于 OpenStack 项目手工搭建过程太过烦琐，因此 Mirantis 公司开发了 Fuel 工具来部署和管理 OpenStack。Fuel 是一个开源的部署和管理 OpenStack 的工具，它提供了一个直观的图形用户部署和管理界面，专注于 OpenStack 的部署、测试和第三方选件。其功能涵盖自动的 PXE 方式的操作系统安装，DHCP 服务、Orchestration 服务和 puppet 配置管理相关服务等。

使用 Fuel 部署 OpenStack 有以下优势。

❑ 节点的自动发现和预校验。

❑ 配置简单、快速。

❑ 支持多种操作系统和发行版，支持 HA 部署。

❑ 对外提供 API 对环境进行管理和配置，例如动态添加计算/存储节点。

❑ 自带健康检查工具。

❑ 支持 Neutron。

Fuel 9.0 搭载在 Mirantis OpenStack 版本中，使用 Ubuntu 来搭建 OpenStack 的环境，下载地址是 https://www.mirantis.com/software/openstack/download/thank-you，目前最新版本是提供 9.2 更新包。如图 6-31 所示。

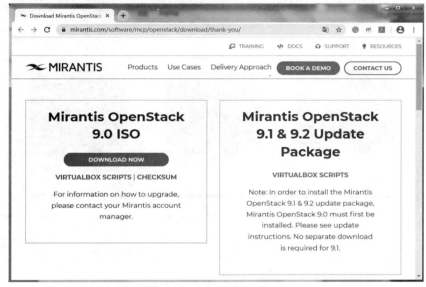

图 6-31　Fuel 9.0 下载页面

硬件要求：启用 CPU 虚拟化技术支持，开启 BIOS 设置里的虚拟化技术支持相关选项。最低硬件配置：CPU 双核 2.6GHZ 及以上；内存为 8GB 以上；硬盘为 80GB 以上。

软件要求：Windows 7 64 位及以上、Oracle VirtualBox 4.3.20 及以上。

本节所使用的 Fuel 部署版本为 Mirantis OpenStack 9.0，可以从以下地址下载 https://www.mirantis.com/software/openstack/download/。

采用虚拟机的方式进行部署，所采用的虚拟机软件是 VirtualBox 5.2.6，可以从 VirtualBox 官网 https://www.virtualbox.org/wiki/Downloads 进行下载。

下面介绍搭建 OpenStack 平台的具体步骤。

1．安装虚拟机软件

由于是在虚拟环境下搭建 OpenStack，所以需要先将虚拟环境搭建好。

目前比较常用的虚拟机软件有 VMware Workstation、VirtualBox 等，这里选用 VirtualBox 5.2.6，安装过程不再详述。

2. 部署网络

如图 6-32 所示，利用 Fuel 部署 OpenStack 平台，至少需要有 3 台主机，一台主机充当 Master 角色，另外两台分别为 Controller 节点与 Compute 节点。

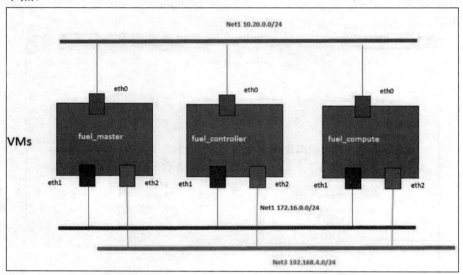

图 6-32　Fuel 部署 OpenStack 平台的网络配置

每台主机均需要三块网卡，每块网卡的 IP 配置如下。

- 10.20.0.0：这是 Master 的专有网络，用于各节点与 Master 主机间的数据传输。
- 172.16.0.0：这是公共网络，也是浮动 IP 网段，用于虚拟机和外网连接。
- 172.16.1.0：这是 OpenStack 的管理、存储和虚拟机内部网络。

3. 网卡配置

新建虚拟机之前，需要先在主机网络管理器里添加并正确配置网卡。

单击全局工具，打开主机网络管理器，然后单击"创建"按钮，创建新的 Host-Only 网络适配器。系统默认存在一个 Host-Only 网络适配器，再创建两个新的。创建完成后，按照上述部署网络要求分别修改这三个网络适配器的 IP 地址和子网掩码，同时关闭所有适配器的 DHCP Server 功能，如图 6-33 所示。

图 6-33　VirtualBox 网络管理器

到此，网卡配置完毕，下面开始安装虚拟机。

4. 新建 Master 虚拟机

（1）新建虚拟机，并在对话框中输入名称，选择操作系统类型以及版本，如图 6-34 所示。由于 Mirantis OpenStack 9.0 采用的是 CentOS7.0 操作系统，而当前 VirtualBox 版本中没有 CentOS 可以选择，在此选择 Ubuntu（64 位）即可。注意：一定要选择 64 位，否则会导致安装失败。

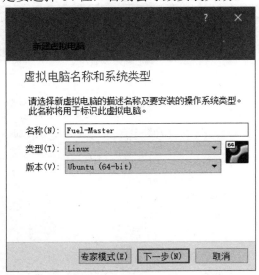

图 6-34　虚拟机名称及操作系统类型配置

（2）分配内存。在 Master 节点，建议分配 2 GB 及以上的内存，可以根据自己主机的内存配置情况进行设置，在此设置为 4096 MB，即 4GB，如图 6-35 所示。

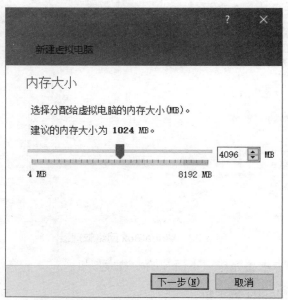

图 6-35   虚拟机内存设置

（3）分配硬盘。对于新创建的虚拟机，选中"现在创建虚拟硬盘"单选按钮，如图 6-36 所示。如果是使用已有的虚拟机配置，则可以选择"使用已有的虚拟硬盘文件"单选按钮。

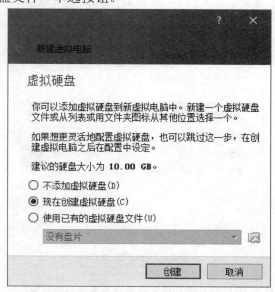

图 6-36   虚拟机硬盘设置

（4）选择硬盘文件类型。默认选择 VDI 类型即可，如图 6-37 所示。

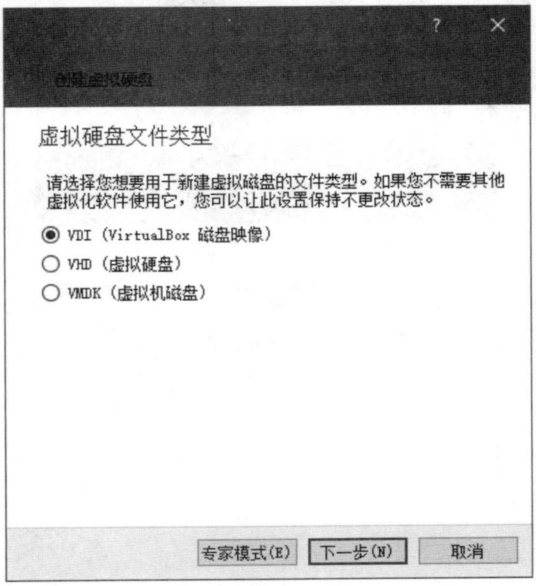

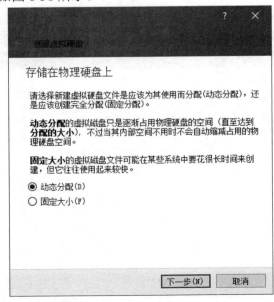

图 6-37　虚拟机硬盘文件类型设置

（5）选择虚拟硬盘的分配方式。有两种方式，其中"动态分配"的虚拟磁盘只是逐渐占用物理硬盘的空间（直到达到分配的大小），而"固定大小"的虚拟磁盘文件则需要先在物理硬盘上分配设置大小的空间作为虚拟磁盘的存储空间，但使用时由于已经分配好了空间，性能较高。在此选择"动态分配"方式，如图 6-38 所示。

图 6-38　虚拟机硬盘分配方式设置

（6）选择硬盘文件的存储位置与大小。建议设置硬盘的存储位置不在 C 盘，比如这里设置为 E:\VBox\Fuel-Master\Fuel-Master.vdi，大小设置为 100GB，如图 6-39 所示。根据 Mirantis 官网帮助文档，建议虚拟磁盘的大小设置为 56GB 以上。

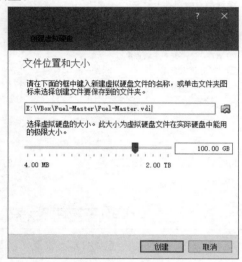

图 6-39　文件位置和大小设置

到此虚拟机新建完毕，下面开始对虚拟机进行配置。

5. 配置 Master 虚拟机

在虚拟机上右击选择"设置"命令即可对虚拟机进行配置。

（1）常规配置。这里主要修改备份位置，尽量不要将备份放在 C 盘。一般情况下默认存储于虚拟机的存储目录下，如图 6-40 所示。

图 6-40　Master 虚拟机常规设置

（2）系统配置。这里可以修改内存大小和处理器核数量。建议 Master 节点内存大于等于 2GB，处理器核数可以为 1，如果物理机配置较高，也可以选择 2 核，如图 6-41 所示。

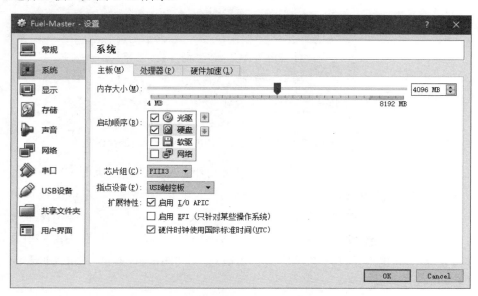

图 6-41　Master 虚拟机系统设置

对于处理器的设置，需要选中"启动 PAE/NX"复选框，如图 6-42 所示。

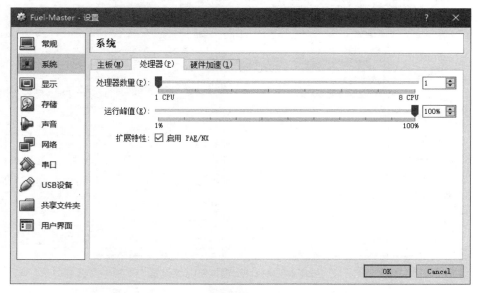

图 6-42　Master 虚拟机启用 PAE/NX 设置

对于硬件加速设置，检查是否选中了"启动 VT-x/AMD-V"复选框。如果未选中，会导致启动 64 位虚拟机时出现类似于如图 6-43 所示的提示错误。

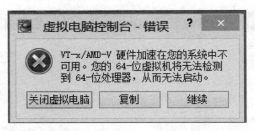

图 6-43   Master 虚拟机未启用 VT-x/AMD-V 设置时的错误提示

为了使 VT-x/AMD-V 硬件加速功能可用，需要在物理机的 BIOS 设置中开启 Intel Virtualization Technology 功能。默认情况下，该功能的设置是 Disabled（开启此功能，请搜索物理主机进入 BIOS 的方式，一般情况下是在重启主机后按 F2 功能键或 Del 键进入 BIOS，主板不一样其 BIOS 中显示的关键词也不一样，主要是找到 Virtual 或 Virtualization 并将其设置为 Enabled）。

（3）存储配置。这一步比较重要，在这里选择已经下载好的 Mirantis OpenStack-9.0.iso 镜像文件，如图 6-44 所示。

图 6-44   Master 虚拟机存储设置

（4）网络配置。这一步也很重要，依次对网卡 1、网卡 2、网卡 3 进行配置，参数具体设置如图 6-45～图 6-47 所示。

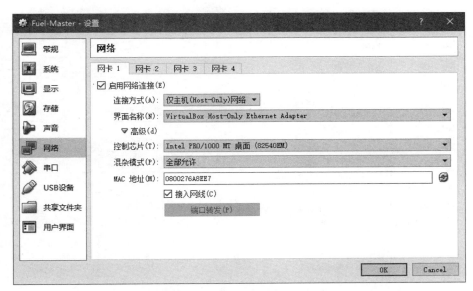

图 6-45　Master 虚拟机网卡 1 设置

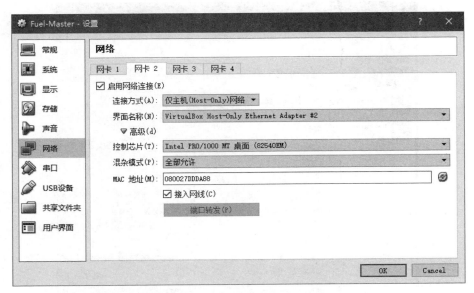

图 6-46　Master 虚拟机网卡 2 设置

到此 Fuel-Master 虚拟机配置完毕，下面开始配置 Slave 节点。

6．Controller 与 Compute 等 Slave 节点的配置

对于后续的 Controller 主机与 Compute 主机，则可以采用完全复制 Fuel-Master 虚拟机配置的方式，并进行简单的设置来完成。

（1）在 Fuel-Master 虚拟机上右击，在弹出的快捷菜单中选择"复制"命令，如图 6-48 所示。

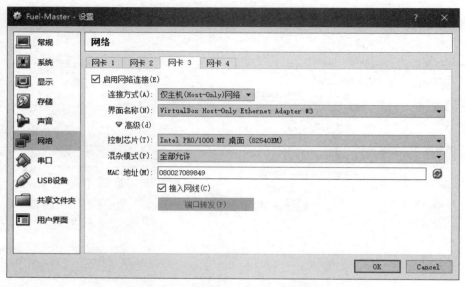

图 6-47　Master 虚拟机网卡 3 设置

图 6-48　通过"复制"Fuel-Master 虚拟机克隆出 Slave 虚拟机

（2）如图 6-49 所示，弹出的"复制虚拟电脑"对话框中，给新的虚拟机命名为 Controller，并选中"重新初始化所有网卡的 MAC 地址"复选框，以防止 Controller 新虚拟机与 Fuel-Master 虚拟机的 MAC 地址重复，造成网络不通的情况发生。

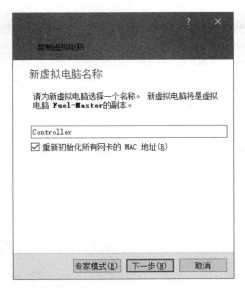

图 6-49　将 Slave 节点虚拟机命名为 Controller

（3）单击"下一步"按钮，选择副本类型，在此选中"完全复制"单选按钮，然后单击"复制"按钮完成复制操作，如图 6-50 所示。

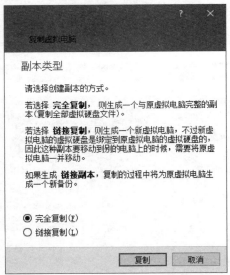

图 6-50　选择克隆复本的类型

用类似步骤，可完成 Compute 主机的复制操作。接下来修改 Controller 虚拟机与 Compute 虚拟机的配置。

选择 Controller 虚拟机，单击工具栏上的"设置"按钮，打开"设置"对话框。选择"系统"选项，修改启动顺序为"网络"和"硬盘"，不从光驱启动，如图 6-51 所示。

图 6-51　设置 controller 虚拟机的启动顺序

其他选项与 Fuel-Master 保持一致即可。

7．Fuel-Master 虚拟机的安装

启动 Fuel-Master 虚拟机的安装程序，如图 6-52 所示。该图是 Master 虚拟机安装过程的部分截图，整个安装过程是全自动的，直到出现登录提示，安装过程结束。

图 6-52　Fuel9.0 的安装启动界面

选择第一个选项开始安装 Fuel，此时会先安装 CentOS 操作系统。完成后，进入 Fuel-Menu 界面，用来修改默认的设置，包括密码、Bootstrap 设置等，如图 6-53 所示。在 Fuel 8.0 版本中安装系统后会重启，重启后出现这个界面，有 15 秒的时间按任意键进入 Fuel-Menu，但是在 9.0 版本中会自动进入这个界面，所以不用担心会因不及时按键盘导致错过。

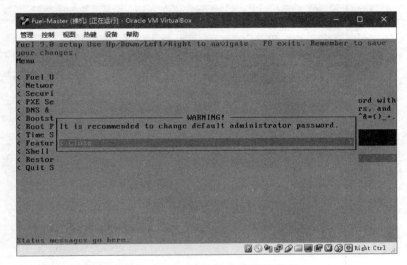

图 6-53　Fuel 9.0 的安装配置界面

按 Enter 键关闭警告信息，进行具体的设置。如图 6-54 所示，在所有的设置中，仅需要修改 Bootstrap Image 选项，因为其他所有的节点均需要从 Master 节点中利用 PXE 方式获取启动镜像，而 Fuel 9.0 默认是从国外网站来下载 Bootstrap 镜像的，对于国内用户来说往往会导致失败。因此，在这里采用自建镜像的方式来构建 Bootstrap 镜像。

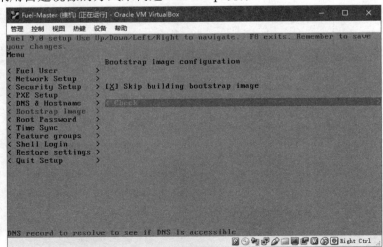

图 6-54　Fuel 9.0 设置 Bootstrap 镜像界面

接下来的 Root Password 选项用于修改 root 用户的密码，如果不修改，则默认密码是 r00tme。

不同节点间需要有 NTP 服务器来同步时间，而 Fuel 默认的时间服务器仍然是不可访问的，因此，选择禁用 NTP 服务器，此时，所部署的节点会使用 Fuel Master 作为时间源，如图 6-55 所示。

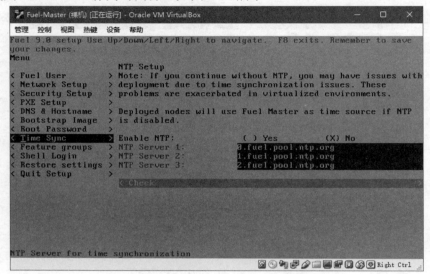

图 6-55　Fuel 9.0 设置时间同步功能界面

上述配置完成后，如图 6-56 所示，选择 Quit Setup 选项，再选择 Save and Quit 选项，保存并退出设置菜单。继续 OpenStack 相关软件及 Web 服务的安装。

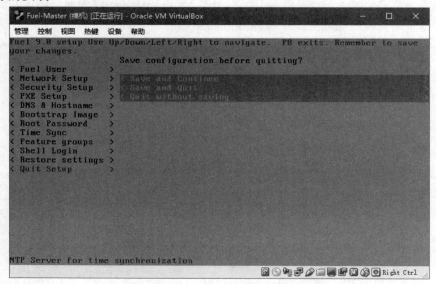

图 6-56　Fuel 9.0 完成设置界面

根据主机的配置不同，安装时间也不相同，一般情况下需要 2 个小时以上的时间。安装完成后，系统会提示 Web-UI 登录的 URL 及用户名和密码，如图 6-57 所示。

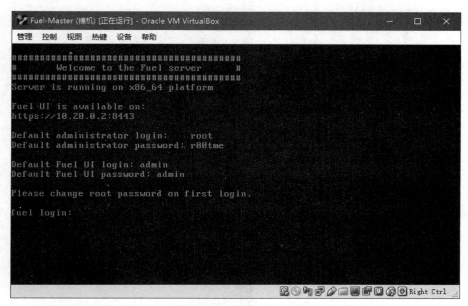

图 6-57　Fuel 9.0 安装完成后的 Console 界面

在此先不登录，需要添加并激活 Bootstraps，然后再添加 Ubuntu 镜像。Bootstraps 可以从网盘中共享的链接来下载，Bootstraps 下载链接如下。

https://pan.baidu.com/s/1BzSuuamP1JcHHZ15VTqL4w，提取码：27kq。

同样 Ubuntu 镜像也从网盘中可见，Mirrors 下载链接如下。

https://pan.baidu.com/s/1QWW11dp6ZII3bUlipYnk3w，提取码：1miv。

下载完成后，将两个压缩包解压，得到 bootstraps 和 mirrors 两个文件夹。接着使用 XFtp 软件登录 10.20.0.2，即 Fuel-Master 虚拟机。登录成功后，切换当前目录到/var/www/nailgun，将 bootstraps 和 mirrors 这两个文件夹上传到/var/www/nailgun 目录下，如图 6-58 所示。

上传完成后，打开 XShell 工具，通过 SSH 协议登录 Fuel-Master 终端，使用下述命令激活 bootstraps 和创建 Ubuntu 镜像。

在 XShell 终端，切换当前目录到/var/www/nailgun/bootstraps，输入如下命令。

```
[root@fuel bootstraps]#fuel-bootstrap activate d01c72e6-83f4-4a19-bb86-
6085e40416e6
    Starting new HTTP connection （1）： 10.20.0.2
```

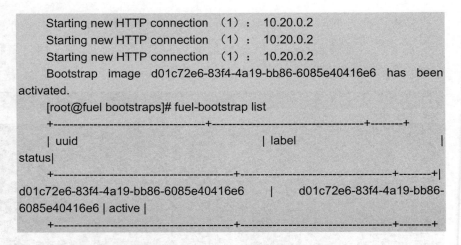

```
Starting new HTTP connection （1）：  10.20.0.2
Starting new HTTP connection （1）：  10.20.0.2
Starting new HTTP connection （1）：  10.20.0.2
Bootstrap  image  d01c72e6-83f4-4a19-bb86-6085e40416e6  has  been
activated.
[root@fuel bootstraps]# fuel-bootstrap list
+--------------------------------------+--------------------------------------+--------+
| uuid                                 | label                                |
status|
+--------------------------------------+--------------------------------------+--------+
d01c72e6-83f4-4a19-bb86-6085e40416e6  |    d01c72e6-83f4-4a19-bb86-
6085e40416e6 | active |
+--------------------------------------+--------------------------------------+--------+
```

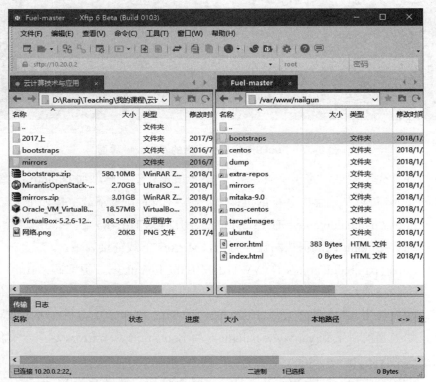

图 6-58   Fuel 9.0 更换 Bootstap 与 Ubuntu 镜像

接下来，执行以下命令创建 Ubuntu 镜像。

```
[root@fuel bootstraps]# fuel-createmirror
```

创建 Ubuntu 镜像时报错请忽略掉即可。

打开 Google Chrome 浏览器（或 Mozilla Firefox 浏览器），在地址栏中
输入 https://10.20.0.2:8443，按 Enter 键后打开如图 6-59 所示的登录页面。

图 6-59　Fuel 9.0 Master 控制台

第一次登录，会提示证书不可用。单击"高级"按钮，再选择"继续登录"选项即可。输入用户名 admin、密码 admin 后，登录进入。

下面开始部署 OpenStack 云平台。

6.3.2　部署 OpenStack

登录 Fuel-Master 虚拟主机 Web 页面后，打开 Fuel 控制台页面，这里会列出当前环境中已经存在的 OpenStack 环境。由于是初次部署，目前还没有环境。

（1）如图 6-60 所示，单击"新建 OpenStack 环境"按钮，开始部署 OpenStack。

图 6-60　Fuel 9.0 新建 OpenStack 环境

（2）输入名称 Test。Mirantis OpenStack 9.0 部署 OpenStack Mitaka 版本，并使用 Ubuntu 14.04 版本来进行安装。在此选择默认的 Mitaka on Ubuntu 14.04 即可，单击"前进"按钮。

（3）选择 QEMU-KVM 复选框。在 Mirantis OpenStack 9.0 版本中，已经将 QEMU 与 KVM 合并在一起。在以前的版本中，在虚拟环境下配置 OpenStack 需要使用 QEMU，只有在物理环境下才可以选择 KVM。在此保持默认设置即可。

（4）网络设置也保持默认设置即可。

（5）后端存储采用默认的 LVM 卷存储即可。

（6）附加服务在此不选，保持默认。最后单击"新建"按钮完成环境的设置。

完成环境设置后，此时可以开启 Controller 节点与 Compute 节点，这两个节点将通过网络从 Fuel-Master 的 DHCP 服务获取 IP 并启动，如图 6-61 所示。

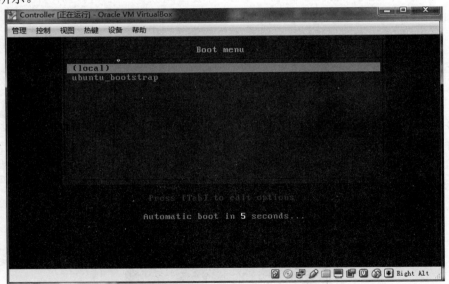

图 6-61 两个节点通过网络从 Master 节点加载系统

启动成功后，在 OpenStack 环境将收到这两个节点的上线通知。接下来可以配置 OpenStack 节点。

增加节点时，需要为相应节点分配角色。给命名为 Controller 的主机分配 Controller 角色，给命名为 Compute 的主机分配 Compute 的角色。Controller 主机和 Compute 主机，可以根据主机的第一块网卡的 MAC 地址进行区分，操作步骤如下。

（1）单击"添加节点"按钮，打开"分配角色"页面，在此增加 Controller

节点。选择 Controller 与 Cinder 两个角色，并选中在线的节点中的第一个，
单击 Untitled 标签可以对主机进行重命名，在此重命名为 Controller，然后
单击"应用变更"按钮保存更改，如图 6-62 所示。

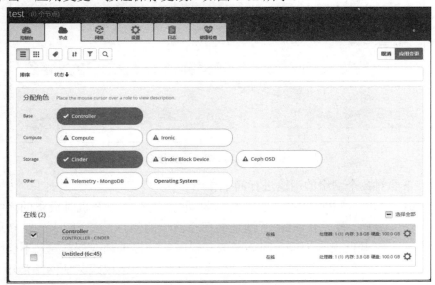

图 6-62　新增 Controller 节点

（2）继续单击"添加节点"按钮，增加 Compute 节点，分配 Compute
和 Cinder 两个角色，然后单击"应用变更"按钮保存更改，如图 6-63 所示。

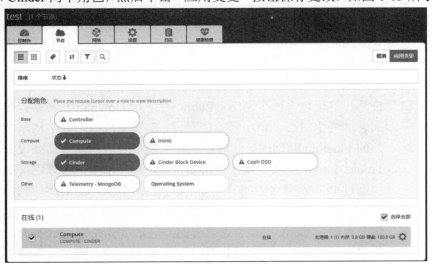

图 6-63　新增 Compute 节点

（3）选择"节点"选项卡，可以对查看已经分配角色的节点情况。选择
这两个节点，单击"配置接口"按钮，进行网络的配置，如图 6-64 所示。

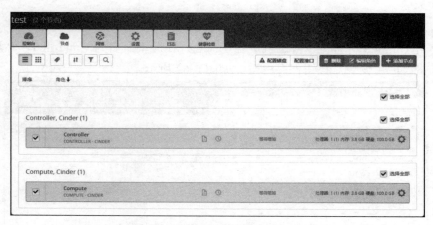

图 6-64 选择节点配置接口

下面对各个网络的用途进行简单介绍。

❑ Admin（PXE）：这是部署网络，也就是在节点开机时设置的网络启动，首先获取到 IP 地址的那个网卡的网络，这个网卡一旦获取 IP 从此网卡启动，则不能像其他网络一样手动改变，并且不能绑定，所以一般独立出来，在生产环境下不建议跟其他网络混用。为了区分，一般使用网卡的第一个网口或者最后一个网口启动，且不能存在 DHCP，否则网络验证时会报错，但是仍然可以强制部署。

❑ 存储：存储网络，顾名思义也就是专门给存储使用的私网。一般使用 Ceph 当作 NOVA、Cinder 和 Glance 的统一存储，简单、共享。此时这个存储网络就相当于 Ceph 的 Cluster Network，用于数据第二、第三副本的同步和内部 rebalance。在存储节点多、读取 IO 高的情况下，这个网络的流量是很大的。

❑ 公开：这里包含两个网络，Public 网络和 Floating IP 网络。初次部署这两个网络必须在同一个网段，部署完成后可以手动添加额外的 Floating IP 网段，此时注意和交换机互联的端口需要设置为 Trunk。Public 主要是用于外部访问，一是外部用户管理物理机需要通过 Public 网络访问，先到 Controller 节点，然后跳转到计算节点，当然也可以手动给计算和存储节点配置 Public IP；二是网络节点是在 Controller 节点上面的，也就是常说的 neutron l3，如果虚拟机分配了 Floating IP 需要访问外部网络，例如公司或者互联网，或者外部网络通过 Floating IP 访问虚拟机，Floating IP 需要到网络节点，也就是控制节点的 neutron l3 从 DNAT 出去。

❑ 私有：这个网络主要用于内部通信，例如云主机对外访问要先到 controller 节点，如果 Public 只在 controller 节点，此时需要通过

Private 网络。部署时可以看到它默认有 30 个 VLAN，也就是 VLAN ID 1000-1030。OpenStack 可以有很多租户，每个租户都可以有自己的网络，这里主要使用 VLAN 做隔离，也就是每一个子网都使用一个 VLAN 来做隔离，保证不同租户之间的网络隔离和不冲突。这 30 个 VLAN 可以建立 30 个子网，可以根据实际的需求来变动。这个 Private 网络也需要上行端口，与交换机互联的端口也是 Trunk。

❑ 管理：这个管理网络的用处较大，一是 OpenStack 内部各个组件之间的通信都是通过 Management，也就是 API 之间、Keystone 认证、监控都是通过该网络。二是充当 Ceph 的 Public 网络，这个 Public 网络和之前的 Public 网络是不同的，这里所说的 Public 网络，是相对于 Ceph 来说的。之前说过 Storage 网络是 Ceph 的 Cluster Network，用于内部数据的同步和 rebalance，外部流量写入则通过 MGMT 网络。虚拟机的数据写入是通过外部网络，然后这个流量通过 MGMT 网络写到 Ceph 集群，那么这个数据就是 Ceph 的主副本，所以这个网络流量也是很大的。由于是外部写入和访问，相对于 Ceph 集群来讲，也就可以称为是 Public Network 了。

到此网络配置完毕。接下来验证已配置好的网络是否畅通。

（4）验证网络。选择"网络"选项卡，在页面底部单击"验证网络"按钮，如图 6-65 所示。

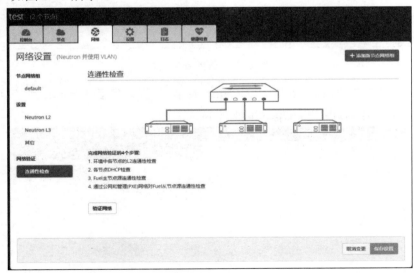

图 6-65 验证网络

等待片刻，查看验证结果。如果验证成功，则显示如图 6-66 所示，此时即可进行接下来的部署；否则，最好先解决网络连通问题，再进行部署。

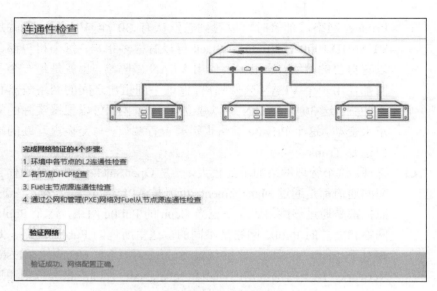

图 6-66　验证网络成功

（5）部署变更。单击"Deploy changes（部署变更）"按钮，开始部署
OpenStack 环境，如图 6-67 所示。

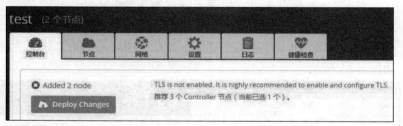

图 6-67　开始部署变更

系统首先为 Controller 与 Compute 两个节点安装 Ubuntu 系统（见
图 6-68），然后再安装 OpenStack 平台。

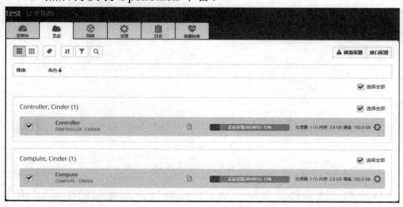

图 6-68　部署过程

部署过程需要较长时间，如果最后显示如图 6-69 所示，即表示
OpenStack 平台已经部署成功。

图 6-69　部署成功

小结

本章首先介绍了目前流行的虚拟化平台，包含商业平台以及开源的平
台；然后以商业平台中的 VMware 为例介绍了其相关产品，着重描述了
VMware vSphere 的搭建过程；最后对开源的 OpenStack 平台进行了介绍，
并利用 Fuel 开源部署工具，在 VirtualBox 虚拟机系统上对 OpenStack 平台
的部署过程进行了详细介绍。通过本章的学习，读者能够对目前流行的虚拟
化平台有一个全新的认识及实践。

习题

简答题

1．虚拟化包含哪些类型的虚拟化？
2．简述流行的商业化虚拟化平台及其特点。
3．简述开源的虚拟化平台及其特点。
4．简述 VMware 产品中用于 IaaS 架构的产品有哪些。
5．简述 Fuel 工具的作用。

参考文献

[1] Eucalyptus http://www.oschina.net/p/eucalyptus.

[2] 王春海. VMware vSphere 企业运维实战[M]. 北京：人民邮电出版社，2014.

[3] Managed Open Cloud | Mirantis https://www.mirantis.com/.

[4] Fuel Community project - Deployment and Management Automation for OpenStack https://www.fuel-infra.org/.

[5] VMware vCloud Director http://www.vmware.com/products/vcloud-director/.

[6] vFabric http://www.zhiding.cn/wiki-vFabric.

[7] 陈鑫，徐义臻，郭禾，等. 虚拟机可瞬时开启的私有桌面云架构[J]. 计算机应用. 2015. 35（11）：3059-3062.

[8] 张千，陈朝根，梁鸿. 基于虚拟化技术的私有云计算平台设计[J]. 计算机应用. 2015. 35（11）：3063-3069.

第 7 章

分布式计算平台搭建

分布式计算是一门计算机科学，它研究如何把一个需要巨大计算资源才能解决的问题，通过计算数据分割成小的任务后，由许多相互独立的计算机进行协同处理，以得到最终结果。分布式计算是让多个物理上独立的资源组件作为一个单独的系统协同运行，这些资源可能是多个 CPU、多个内存、充足的网络带宽或者网络中的多台计算机，而分布式计算平台则是构建在资源集群上的软件平台，负责管理和配置硬件、软件、数据及网络等多种资源的共享服务。

目前，在实际生产环境或学术界中面对大数据处理，广泛应用的分布式计算平台是 Hadoop，本章将对 Hadoop 环境的搭建与配置进行详细介绍。

7.1 Hadoop 的概念

Hadoop 是 Apache 软件基金会所开发的分布式系统基础架构，用户可以在不了解分布式底层细节的情况下，开发分布式程序，充分利用集群的威力进行高速运算和存储。在大数据分析以及非结构化数据蔓延的背景下，Hadoop 受到了前所未有的关注。

Hadoop 是一种分布式数据和计算的框架，实现了一个分布式文件系统（Hadoop Distributed File System，HDFS），具有高容错性的特点，并且设计用来部署在低廉的（low-cost）硬件上；而且它提供高吞吐量（high throughput）来访问应用程序的数据，适合那些有着超大数据集（large data set）的应用程序。HDFS 放宽了（relax）POSIX 的要求，可以以流的形式访问（streaming access）文件系统中的数据；HDFS 擅长存储大量的半结构化的数据集，数据可以随机存放，所以一个磁盘的失败并不会带来数据丢失。

Hadoop 也非常擅长分布式计算，能够稳定、可扩展、快速地从单台服务器跨到数千台计算机处理的大型数据集合，其中每台计算机都提供本地的计算和存储。它是云计算软件平台的基础架构，在其上整合了数据库、云管理、数据仓库等一系列平台，实现了云计算中一部分功能的技术应用，是云计算 PaaS 层的解决方案之一。

7.2　Hadoop 的优点

Hadoop 是一个能够让用户轻松架设和使用的分布式计算平台，用户可以轻松地在 Hadoop 上开发和运行处理海量数据的应用程序。它主要有以下几个优点。

- ❑ 高可靠性：Hadoop 按位存储和处理数据的能力值得人们信赖。
- ❑ 高扩展性：Hadoop 是在可用的计算机集簇间分配数据并完成计算任务的，这些集簇可以方便地扩展到数以千计的节点中。
- ❑ 高效性：Hadoop 能够在节点之间动态地移动数据，并保证各个节点的动态平衡，因此处理速度非常快。
- ❑ 高容错性：Hadoop 能够自动保存数据的多个副本，并且能够自动将失败的任务重新分配。
- ❑ 低成本：与一体机、商用数据仓库以及 QlikView、Yonghong Z-Suite 等数据集市相比，Hadoop 是开源的，项目的软件成本因此会大大降低。

Hadoop 带有用 Java 语言编写的框架，因此运行在 Linux 生产平台上是非常理想的。Hadoop 上的应用程序也可以使用其他语言编写，如 C++。

7.3　Hadoop 的核心模块

依据 Apache 网站 2019 年 1 月公布的信息，Hadoop 项目目前包括 Hadoop Common、HDFS、Hadoop YARN、Hadoop MapReduce 和 Hadoop Ozone 等 5 个核心模块。

- ❑ Hadoop Common（公共模块）：是整体 Hadoop 项目的核心，为其他模块提供一些常用工具，如系统配置工具 Configuration、远程过程调用 RPC 序列化机制、持久化数据结构 FileSystem 等。

❑ HDFS：运行大型商用机集群，是 Hadoop 体系中海量数据存储管理的基础，即在客户端将大小不一的海量文件切成等大小的数据块（Block，可调参数，默认值为 128MB），以多副本的形式保存在集群中不同的节点上，实现了对应用程序数据的高吞吐量访问。

❑ Hadoop YARN（Yet Another Resource Negotiator，作业资源调度管理）：作业调度和集群资源管理的框架，是 Hadoop 2 新增的功能，主要负责集群资源管理与统一调度，可同时管理多个集群框架，从而提高集群利用率。

❑ Hadoop MapReduce（分布式计算框架）：它是大型数据集的并行计算处理技术，也是 Hadoop 体系中海量数据处理的基础。对 HDFS 中存储的数据库（Block）进行分片（Split），每个分片对应一个 Mapper 任务，Mapper 计算的结果通过 Reduce 任务进行汇总计算，获得最终结果并输出。

❑ Hadoop Ozone（对象存储）：Ozone 使得 HDFS 块存储层能够进一步支持非文件性质的系统数据，而 HDFS 的文件块架构也将能够支持存储键值和对象，能将 HDFS 从文件系统扩展成更加复杂的企业级存储层。

7.4 Hadoop 的其他模块

除了核心模块外，Hadoop 其他常用的模块如下。

❑ Hbase：分布式面向列的非关系型数据库，支持大型表的结构化数据实时读/写随机访问存储，构建在 HDFS 之上，具有良好的横向扩展能力，以达到动态扩容的目的。

❑ Zookeeper：一个分布式应用的高性能协调服务框架，提供一致性服务的软件，如统一命名服务、状态同步服务、集群管理、分布式应用配置项的管理等，是 Hadoop 和 Hbase 的重要组件。

❑ Pig：一种用于并行计算的高级数据流语言和执行环境，用于检索非常大的数据集，运行在 MapReduce 集群上。

❑ Hive：建立在 Hadoop 基础上的数据仓库框架，管理 HDFS 中存储的数据，并提供类似 SQL 的查询脚本 Hive SQL 查询数据，快速实现简单的 MapReduce 任务。

❑ Flume：用于分布式计算中的海量数据采集、聚合、传输系统，常作为日志采集器。

- ❑ SQooP：SQL to Hadoop 的缩写，主要用于结构化数据存储与 Hadoop 平台间的数据转换，是在数据库和 HDFS 间高效传输数据的工具。
- ❑ Mahout：一个可扩展的机器学习和数据挖掘库，提供用于聚类、回归测试等经典算法的 MapReduce 实现，帮助开发人员更加便捷地设计智能应用程序。
- ❑ Ambari：基于 Web 的 Hadoop 集群配置、监控、管理工具，通过提供的集群健康状态仪表盘，以可视化方式查看 MapReduce、Pig 及 Hive 等应用程序的工作状态，帮助监控集群运行的性能特征。

7.5　搭建与配置 Hadoop 学习平台

本节参考 Hadoop 网站发布的使用指南，搭建 Hadoop 2.9.2 版本作为学习平台，通过环境配置等技术细节的介绍认识 Hadoop。

开始之前，需要具备以下基础知识。

- ❑ Java 语言开发基础。
- ❑ 熟悉 Linux 操作系统的使用。
- ❑ 虚拟机的基本应用。

7.5.1　搭建 Hadoop 的前期准备

1．Apache Hadoop 支持的平台

支持 GNU/Linux 平台，Hadoop 已在具有 2000 个节点的 GNU/Linux 主机组成的集群系统上得到验证；支持 Microsoft Windows 平台，但由于分布式操作尚未在 Windows 平台上进行过充分测试，所以还不能应用在生产环境中。

2．所需的软件及配置选项

Linux 和 Windows 平台所需软件及配置选项如下。

- ❑ 必须安装 Java 1.5.x 以上版本，建议选择 Oracle 公司发行的 Java 版本。
- ❑ SSH 必须安装并且保证 sshd 进程一直运行，目的是用 Hadoop 脚本管理远端 Hadoop 的守护进程。
- ❑ 保证集群中机器间的网络通信及机器 IP 与机器名的映射关系。
- ❑ 保证集群中机器间的时间一致性。

7.5.2　Hadoop 的安装运行模式

Hadoop 支持的安装运行模式有以下三种。

- ❑ 本地模式（Local Mode），该模式只是用于本地开发调试，或者快速安装体验 Hadoop。
- ❑ 伪分布模式（Pseudo Distributed Mode）：该模式是在一台物理机器上运行 Hadoop 对应的 Java 守护进程，模拟小规模集群运行模式，并不是真正的分布式。
- ❑ 完全分布模式（Fully Distributed Mode）：该模式才是生产环境采用的模式，Hadoop 运行在服务器集群上，生产环境一般都会做 HA，以实现高可用。

Hadoop 各安装模式配置过程中，主要是编辑 XML 文件进行参数配置。

7.5.3　本地模式的安装与配置

本地模式是最简单的模式，所有 Hadoop 模块都运行在一个 JVM 进程中，并且使用本地文件系统。笔者所使用的实验配置环境是：Intetl Core i5 处理器、8 GB 内存、500GB 硬盘、Ubuntu 16.04 版本操作系统、Lenovo G570 便携式计算机、可以访问 Internet。

1. 安装与配置本地模式系统基础环境

进入 Ubuntu 16.04 系统，在终端模式下以 root 用户权限创建新的用户组 hadoop，用户名为 hadoopone，执行命令如下（输入的命令内容标注为斜体字符）。

```
cloud570@ubuntu:~$ sudo su
[sudo] password for cloud570:***
root@ubuntu:/home/cloud570# cd
root@ubuntu: ~# sudo addgroup hadoop
root@ubuntu: ~# sudo adduser –ingroup hadoop hadoopone
```

为新用户 hadoopone 赋予 root 用户等同的权限，命令如下。

```
root@ubuntu: ~# cd /etc/sudoers.d
root@ubuntu: /etc/sudoers.d # sudo gedit /etc/sudoers
```

打开 sudoers 文件后，在文档中的"root ALL=（ALL:ALL） ALL"代码下添加以下代码并保存。

```
hadoopone  ALL= （ALL:ALL）  ALL
```

在当前命令行状态下，切换到新用户 hadoopone 环境，并安装配置 SSH 服务（实现远程登录和管理功能）。执行的命令代码如下。

```
root@ubuntu:/etc/sudoers.d # cd
root@ubuntu:~# su hadoopone
hadoopone@ubuntu:~$ sudo apt-get update
hadoopone@ubuntu:~$ sudo apt-get install openssh-server
```

安装完成后，执行以下命令测试运行。

```
hadoopone@ubuntu:~$ ssh localhost
hadoopone@ubuntu:~$ exit
```

至此，基础环境配置成功。

2. 安装与配置 JDK 环境

打开 Ubuntu 系统中的 Firefox 浏览器，在地址栏中输入并访问以下网址 https://www.oracle.com/technetwork/java/javase/downloads/index.html。

选择 Linux 版本 64 位 jdk-11.0.2_bin_tar_gz 链接下载到本地计算机的 /home/cloud570/Downloads 文件目录里。

在终端窗口，查看 JDK 安装包是否下载成功，执行命令如下。

```
hadoopone@ubuntu:~$ cd /home/cloud570/Downloads
hadoopone@ubuntu:/home/cloud570/Downloads$ ls
```

文件 jdk-11.0.2_linux-x64_bin.tar.gz 即为下载的 JDK 文件。

创建新目录 java，用于保存解压的 JDK 文件内容，执行命令如下。

```
hadoopone@ubuntu:/home/cloud570/Downloads$
sudo mkdir /usr/local/java
```

目录创建完成，开始解压 JDK 安装包到此目录里，执行命令如下。

```
hadoopone@ubuntu:/home/cloud570/Downloads$
sudo tar -xzvf jdk-11.0.2_linux-x64_bin.tar.gz –C /usr/local/java
```

解压完成后会在/usr/local/java 目录下出现 jdk-11.0.2 文件。

配置环境变量文件/etc/profile，执行命令如下。

```
hadoopone@ubuntu:/home/cloud570/Downloads$
sudo gedit /etc/profile
```

在打开的 profile 文档里添加如下代码。

```
#设置 Java 环境参数
```

```
export   JAVA_HOME=/usr/local/java/jdk-11.0.2
export   JRE_HOME=${JAVA_HOME}/jre
export   CLASSPATH=.:${JAVA_HOME}/lib:${JRE_HOME}/lib
export   PATH=${JAVA_HOME}/bin:$PATH
```

设置完成后保存文件，通过以下命令使 profile 配置生效。并测试 Java 环境，配置成功。

```
hadoopone@ubuntu:/home/cloud570/Downloads$ source /etc/profile
hadoopone@ubuntu:/home/cloud570/Downloads$ java –version
```

3. 安装与配置 Hadoop 本地模式环境

打开 Ubuntu 系统中的 Firefox 浏览器，在地址栏输入并访问如下网址 *http://mirrors.shu.edu.cn/apache/hadoop/common/hadoop-2.9.2/hadoop-2.9.2.tar*.gz。

将链接文件下载到本地计算机的/home/cloud570/Downloads 文件目录。

在终端窗口，查看 hadoop 安装包是否下载成功，执行命令如下。

```
hadoopone@ubuntu:~$ cd /home/cloud570/Downloads
hadoopone@ubuntu:/home/cloud570/Downloads$ ls
```

文件 hadoop-2.9.2.tar.gz 即为下载的 Hadoop 文件。

创建新目录 hadoop 用于保存解压的文件内容，执行命令如下。

```
hadoopone@ubuntu:/home/cloud570/Downloads$
sudo mkdir /usr/local/hadoop
```

目录创建完成后，开始解压 hadoop 安装包到此目录里，执行命令如下。

```
hadoopone@ubuntu:/home/cloud570/Downloads$
sudo tar –xzvf   hadoop-2.9.2.tar.gz   –C  /usr/local/hadoop
```

解压完成后会在/usr/local/hadoop 目录下出现 hadoop-2.9.2 文件。

对 hadoop 文件夹设置操作权限，执行命令如下。

```
hadoopone@ubuntu:/home/cloud570/Downloads$ cd
hadoopone@ubuntu:~$ sudo chmod -R 777 /usr/local/hadoop
```

进入到安装目录/usr/local/hadoop/hadoop-2.9.2/etc/hadoop 文件夹下，编辑 hadoop-env.sh 文件的参数配置，执行命令如下。

```
hadoopone@ubuntu:/usr/local/hadoop/hadoop-2.9.2/etc/hadoop$
sudo gedit hadoop-env.sh
```

打开文档后，将 Java 的路径添加到 Hadoop 的配置文件当中，代码如下。

```
export   JAVA_HOME=/usr/local/java/jdk-11.0.2
```

保存文档，并执行以下命令，使得 hadoop-env.sh 文件的修改即刻启用。

```
hadoopone@ubuntu:/usr/local/hadoop/hadoop-2.9.2/etc/hadoop$
source hadoop-env.sh
```

进入到 Hadoop 安装目录，设置用户环境参数，使得 hadoop 命令和 java 命令能够在根目录下使用，执行命令如下。

```
hadoopone@ubuntu:/usr/local/hadoop/hadoop-2.9.2$
sudo gedit ~/.bashrc
```

并在文档中添加以下代码。

```
export   JAVA_HOME=/usr/local/java/jdk-11.0.2
export   JRE_HOME=${JAVA_HOME}/jre
export   CLASS_PATH=.:${JAVA_HOME}/lib:${JRE_HOME}/lib
export   PATH=
${JAVA_HOME}/bin:/usr/local/hadoop/hadoop-2.9.2/bin:$PATH
```

保存文档，执行以下命令，使得修改即刻启用。

```
hadoopone@ubuntu:/usr/local/hadoop/hadoop-2.9.2$
source   ~/.bashrc
```

执行以下命令，查看 Hadoop 的版本，如果显示安装版本的正确信息，则表示 Hadoop 本地模式安装成功。

```
hadoopone@ubuntu:/usr/local/hadoop/hadoop-2.9.2$
hadoop version
```

4．测试用例

通过运行 Hadoop 系统用例 wordcount 体验 MapReduce 的工作过程与结果，执行命令如下。

```
hadoopone@ubuntu:/usr/local/hadoop/hadoop-2.9.2$
sudo mkdir input
hadoopone@ubuntu:/usr/local/hadoop/hadoop-2.9.2$
sudo cp README.txt in
hadoopone@ubuntu:/usr/local/hadoop/hadoop-2.9.2$ bin/hadoop
share/hadoop/mapreduce/hadoop-mapreduce-example-2.9.2.jar
wordcount input/README.txt output
hadoopone@ubuntu:/usr/local/hadoop/hadoop-2.9.2$
cat out/part-r-00000
```

测试成功，单词和频数都被统计出来，结果如图 7-1 所示。

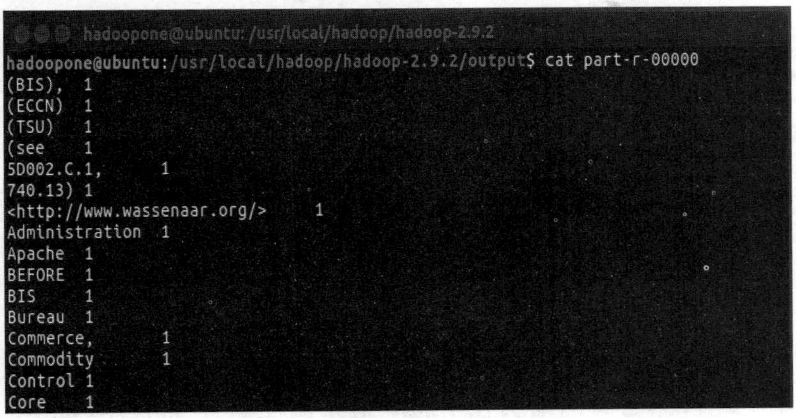

图 7-1　词频统计结果

7.5.4　伪分布模式的安装与配置

在本地模式中 Hadoop 所有的模块运行在一个 JVM 进程中，可以通过 jps 命令查看进程情况，而伪分布模式则是指运行在多个 JVM 进程中，即在单机系统上模拟一个分布式的环境测试 Hadoop 的主要功能。两种模式都依托运行在单台计算机或服务器的主机系统中。

在伪分布模式中，启动 YARN、HDFS 模块会用到 SSH 服务，SSH 作为一个通信协议在启动时需要输入密码，同时 SSH 生成密钥时有 rsa 和 dsa 两种方式，默认情况采用 rsa 方式。为了省去输入密码的烦琐步骤，我们把 SSH 设置成免密登录。

1．生成公钥和秘钥

生成公钥和秘钥，执行命令如下。

hadoopone@ubuntu:~$*ssh-keygen –t rsa –P ""*

命令执行后会在~/.ssh/下生成两个文件：私钥 id_rsa 和公钥 id_rsa.pub。进入~/.ssh/目录，将公钥 id_rsa.pub 追加到 authorized_keys 授权文件中，即用于保存所有允许以当前用户身份登录到 SSH 客户端用户的公钥内容。执行命令如下。

hadoopone@ubuntu:~$ *cat　~/.ssh/id_rsa.pub>> ~/.ssh/authorized_keys*

执行如下命令，登录 SSH 服务进行测试。

hadoopone@ubuntu:~$ssh localhost

显示登录成功。

执行如下命令，测试退出功能。

```
hadoopone@ubuntu:~$exit
logout
```

退出成功。

2. 伪分布模式的安装

安装伪分布模式的计算机运行的基础环境，参考 7.5.3 节中的安装方式，这里不做重复描述。

3. 伪分布模式的配置

进入伪分布模式的配置环节，需要按顺序配置 hdfs-site.xml、core-site.xml、mapred-site.xml、yarn-site.xml 等文件参数。

进入到 Hadoop 安装目录下，编辑 hdfs-site.xml 文件，执行命令如下。

```
hadoopone@ubuntu:~$cd /usr/local/hadoop/hadoop-2.9.2/etc/hadoop
hadoopone@ubuntu:~$sudo gedit hdfs-site.xml
```

在<configuration></configuration>标签中添加如下命令。

```
<property>
    <name>dfs.replication</name>
    <value>1</value>
</property>
<property>
    <name>dfs.permissions</name>
    <value>false</value>
</property>
```

其中，<value>1</value>表示数据块的冗余度，数值最大不超过 3，由于是伪分布模式，所以该参数设置为 1。通常情况下数据块的冗余度跟数据节点（DataNode）的个数保持一致。开启 HDFS 的权限检查操作，保存文件 hdfs-site.xml 让其生效。

编辑 core-site.xml 文件，执行命令如下。

```
hadoopone@ubuntu:~$cd /usr/local/hadoop/hadoop-2.9.2/etc/hadoop
hadoopone@ubuntu:~$sudo gedit core-site.xml
```

在<configuration></configuration>标签中添加如下命令。

```
<property>
    <name>hadoop.tmp.dir</name>
    <value>/usr/local/hadoop/hadoop-2.9.2/tmp</value>
```

```
        <description>
        </description>
    </property>
    <property>
        <name>fs.defaultFS</name>
        <value>hdfs://ubuntu:9999</value>
    </property>
```

临时目录用于存放 NameNode 数据，保证 tmp 目录的所有权限属于 hadoop 用户组。

其中，NameNode 的远程通信端口号是 9999。保存文件 core-site.xml 使更改生效。

编辑 mapred-site.xml 文件，该内容从复制模版 mapred-site.xml.template 文件获得，执行命令如下。

```
hadoopone@ubuntu:~$cd /usr/local/hadoop/hadoop-2.9.2/etc/hadoop
hadoopone@ubuntu:~$cp mapred-site.xml.templat mapred-site.xml
```

在<configuration></configuration>标签中添加如下命令。

```
<property>
    <name>mapreduce.framework.name</name>
    <value>yarn</value>
</property>
```

其中，指定 mapreduce 运行在 yarn 框架上。保存文件 mapred-site.xml 让其生效。

编辑 yarn-site.xml 文件，主节点在 locahost 位置，执行命令如下。

```
hadoopone@ubuntu:~$cd /usr/local/hadoop/hadoop-2.9.2/etc/hadoop
hadoopone@ubuntu:~$sudo gedit yarn-site.xml
```

在<configuration></configuration>标签中添加如下命令。

```
<property>
    <name>yarn.nodemanager.aux-services</name>
    <value>mapreduce_shuffle</value>
</property>
<property>
    <name>yarn.resourcemanager.hostname</name>
    <value>localhost</value>
</property>
```

其中，指定 mapreduce 为默认的混洗方式，运行在 localhost 本地节点上。保存文件 yarn-site.xml 让其生效。

4. 启动与停止伪分布模式

所有配置文件编辑完成后，在 Hadoop 安装目录的 sbin 目录下依次启动相应的功能，执行代码如下。

```
hadoopone@ubuntu: /usr/local/hadoop/hadoop-2.9.2/sbin$
sh hadoop-daemon.sh start namenode
hadoopone@ubuntu: /usr/local/hadoop/hadoop-2.9.2/sbin$
sh hadoop-daemon.sh start datanode
hadoopone@ubuntu: /usr/local/hadoop/hadoop-2.9.2/sbin$
sh hadoop-daemon.sh start secondarynamenode
hadoopone@ubuntu: /usr/local/hadoop/hadoop-2.9.2/sbin$
sh yarn-daemon.sh start resourcemanager
hadoopone@ubuntu: /usr/local/hadoop/hadoop-2.9.2/sbin$
sh yarn-daemon.sh start nodemanager
hadoopone@ubuntu: /usr/local/hadoop/hadoop-2.9.2/sbin$jps
```

执行完成后，可以用 jps 命令显示出正在运行的进程情况。至此，Hadoop 伪分布模式部署完成。

打开浏览器，在地址栏中输入 http://localhost:8088，可以查看到 YARN Web 的操作界面数据。

打开浏览器，在地址栏中输入 http://localhost:9000，可以得知在上述配置文件中设置的 9999 端口号的作用所在，如图 7-2 所示。

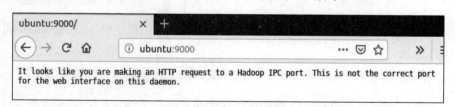

图 7-2 IPC 端口说明

打开浏览器，在地址栏中输入 http://localhost:50070，可以查看到 HDFS Web 的界面数据，如图 7-3 所示。

图 7-3 HDFS Web 界面数据

停止 Hadoop 的运行，在 Hadoop 安装目录的 sbin 目录下依次关闭相应的功能即可，执行代码如下。

```
hadoopone@ubuntu: /usr/local/hadoop/hadoop-2.9.2/sbin$
sh hadoop-daemon.sh stop namenode
hadoopone@ubuntu: /usr/local/hadoop/hadoop-2.9.2/sbin$
sh hadoop-daemon.sh stop datanode
hadoopone@ubuntu: /usr/local/hadoop/hadoop-2.9.2/sbin$
sh hadoop-daemon.sh stop secondarynamenode
hadoopone@ubuntu: /usr/local/hadoop/hadoop-2.9.2/sbin$
sh yarn-daemon.sh stop resourcemanager
hadoopone@ubuntu: /usr/local/hadoop/hadoop-2.9.2/sbin$
sh yarn-daemon.sh stop nodemanager
```

7.5.5　完全分布模式的安装与配置

完全分布模式是安装、配置和管理有实际意义的 Hadoop 集群，其规模可从三个节点的最小集群到几千个节点的超大集群，使得 Hadoop 各个模块分别部署和运行在不同的多台计算机 Linux 系统上。

1．节点计算机环境准备

本节采用最小集群模式，即准备三台硬件配置相同或不同的计算机，根据 7.5.3 节中的基础环境安装方法在每台节点计算机上安装 Linux Ubuntu、JDK、Hadoop、SSH 等软件。三台节点计算机的 IP、Hostname 及 Hosts 参数设置如表 7-1 所示。

表 7-1　节点计算机参数配置

节点计算机	IP	Hostname	Hosts		
1 Masters （NameNode） （DataNode）	192.168.0.7	Hadoop-A	192.168.0.7　Hadoop-A 192.168.0.8　Hadoop-B 192.168.0.9　Hadoop-C		
2 Slaves （DataNode）	192.168.0.8	Hadoop-B	192.168.0.7　Hadoop-A 192.168.0.8　Hadoop-B 192.168.0.9　Hadoop-C		
3 Slaves （DataNode）	192.168.0.9	Hadoop-C	192.168.0.7　Hadoop-A 192.168.0.8　Hadoop-B 192.168.0.9　Hadoop-C		

通常，集群里的一台计算机被指定为 NameNode，属于 Masters；余下的计算机被指定为 DataNode，属于 Slaves。本节配置的集群节点分配如表 7-2 所示。

表 7-2　集群节点分配

节点计算机	所属功能	节点类别
Hadoop-A	NameNode DataNode NodeManager	Masters
Hadoop-B	DataNode ResourceManager NoteManager	Slaves
Hadoop-C	DataNode NoteManager SecondaryNameNode	Slaves

2．Hadoop 的环境配置

在集群里每台节点计算机上用相同的方法和路径安装 Hadoop 软件，并配置 hadoop-env.sh、mapred-env.sh 和 yarn-env.sh 文件中的 JDK 路径。选择节点 Hadoop-A 配置 core-site.xml 文件，执行命令如下。

```
hadoopone@Hadoop-A: /usr/local/hadoop/hadoop-2.9.2/etc/hadoop$
sudo gedit core-site.xml
```

在<configuration></configuration>标签中添加如下命令。

```
<property>
    <name>fs.defaultFS</name>
    <value>hdfs://Hadoop-A:9999</value>
</property>
<property>
    <name>hadoop.tmp.dir</name>
    <value>/usr/local/hadoop/hadoop-2.9.2/tmp</value>
</property>
```

其中，NameNode 的远程通信端口号是 9999。保存文件 core-site.xml 使更改生效。

编辑节点 Hadoop-A 中的 hdfs-site.xml 文件，执行命令如下。

```
hadoopone@ Hadoop-A: /usr/local/hadoop/hadoop-2.9.2/etc/hadoop$
sudo gedit hdfs-site.xml
```

在<configuration></configuration>标签中添加如下命令。

```
<property>
    <name>dfs.namenode.secondary.http-address</name>
    <value>Hadoop-C:50090</value>
</property>
```

其中，SecondaryNameNode 的 HTTP 访问地址和端口，根据表 7-2 中的参数设置，分别为 Hadoop-C 和 50090。保存 hdfs-site.xml 文件使更改生效。

配置节点计算机 Hadoop-A 里的 Slaves 参数，执行命令如下。

```
hadoopone@ Hadoop-A: /usr/local/hadoop/hadoop-2.9.2/etc/hadoop$
sudo gedit slaves
```

在 slaves 文件中添加如下命令。

```
Hadoop-A
Hadoop-B
Hadoop-C
```

编辑完成，保存 slaves 文件。

配置节点 Hadoop-A 中的 mapred-site.xml 文件，从 mapred-site.xml.template 文件复制产生，执行命令如下。

```
hadoopone@ Hadoop-A: /usr/local/hadoop/hadoop-2.9.2/etc/hadoop$
sudo cp mapred-site.xml.template mapred-site.xml
hadoopone@ Hadoop-A: /usr/local/hadoop/hadoop-2.9.2/etc/hadoop$
sudo gedit mapred-site.xml
```

在<configuration></configuration>标签中添加如下命令。

```
<property>
    <name>mapreduce.framework.name</name>
    <value>yarn</value>
</property>
<property>
    <name>mapreduce.jobhistory.address</name>
    <value>Hadoop-A:50020</value>
</property>
<property>
    <name>mapreduce.jobhistory.webapp.address</name>
    <value>Hadoop-A:19999</value>
</property>
```

其中，MapReduce 任务运行在 YARN 上，历史服务器安装在 Hadoop-A 上，访问历史服务器的 HTTP 地址和端口，分别为 Hadoop-A 和 19999。保存文件 mapred-site.xml 使更改生效。

配置节点 Hadoop-A 中的 yarn-site.xml 文件，执行命令如下。

```
hadoopone@ Hadoop-A: /usr/local/hadoop/hadoop-2.9.2/etc/hadoop$
sudo gedit yarn-site.xml
```

在<configuration></configuration>标签中添加如下命令。

```
<property>
    <name>yarn.nodemanager.aux-services</name>
    <value>mapreduce_shuffle</value>
</property>
<property>
    <name>yarn.resourcemanager.hostname</name>
    <value>Hadoop-B</value>
</property>
<property>
    <name>yarn.log-aggregation-enable</name>
    <value>true</value>
</property>
<property>
    <name>yarn.log-aggregation.retain-seconds</name>
    <value>100000</value>
</property>
```

其中，根据表 7-2 的参数设定，ResourceManager 的服务器为 Hadoop-B；100 000 为日志在服务器上保存的时间。保存文件 yarn-site.xml 使更改生效。

集群里节点间的通信利用 SSH 访问，需要配置每个节点实现无密码登录，根据 7.5.3 节中有关生成私钥和公钥的代码进行设置，并将生成的文件分发到节点 Hadoop-A、Hadoop-B 和 Hadoop-C 里。

至此，节点 Hadoop-A 的 Hadoop 环境配置完成，按照同样的方式配置节点 Hadoop-B 和 Hadoop-C 即可。

3. 启动集群

在 Masters 端的节点 Hadoop-A 中执行 NameNode 格式化操作，执行命令如下。

```
hadoopone@ Hadoop-A: /usr/local/hadoop/hadoop-2.9.2/bin$
hdfs namenode –format
```

完成后，开始启动集群，在节点 Hadoop-A 依次执行如下命令。

```
hadoopone@ Hadoop-A: /usr/local/hadoop/hadoop-2.9.2/sbin$
sh start-dfs.sh
hadoopone@ Hadoop-A: /usr/local/hadoop/hadoop-2.9.2/sbin$
sh start-yarn.sh
```

在节点 Hadoop-B 执行如下命令。

```
hadoopone@ Hadoop-B: /usr/local/hadoop/hadoop-2.9.2/sbin$
sh yarn-dawmon.sh start resourcemanager
```

在节点 Hadoop-C 执行如下命令。

```
hadoopone@ Hadoop-C: /usr/local/hadoop/hadoop-2.9.2/sbin$
sh mr-jobhistory-daemon.sh start historyserver
```

至此，完全分布模式配置完成。

7.6　BDRack 大数据实验一体机

通过 7.5 节的学习，不难发现 Hadoop 的环境配置复杂且要求多台计算机设备，这给非生产环境下的学习、实验、科学研究带来诸多不便。如何解决硬件资源消耗高、节点管理维护难的痛点问题，便是本节主要介绍的内容。南京云创大数据研发的 BDRack 大数据实验一体机通过应用容器技术，以少量机器虚拟大量实验集群，可供用户同时拥有多套集群进行实验，且每个集群环境相互隔离，互不干扰，一键快速生成 Hadoop 生态环境。利用一体机平台快速的 Hadoop 环境生成与销毁功能，可以轻松地开展云计算的教学、实验、科研等工作，节省了大量的 Hadoop 环境平台搭建时间，可以把更多的关注点放到如何使用 Hadoop 及如何分布式计算，以实现大数据处理的应用上。

当需要创建集群时，直接单击平台集群管理界面上的创建集群按钮即可，后台会快速为用户创建 5 台预先安装 Linux 操作系统的虚拟节点，并配置好各节点的主机名、IP 以及实验所需的软件安装包等。

若在教学、实验、科研应用过程中，当因为错误执行了相关的命令而导致集群报错和无法使用时，可直接单击平台上的销毁集群按钮，并根据需要重新创建集群。

BDRack 大数据实验一体机更具体的功能及演示，可访问 www.cstor.cn 获取。

小结

本章主要讲解了 Hadoop 的概念、功能、安装与配置方式，介绍了云创大数据一体机的功能、特点及使用场景。通过实例的设计，能够让读者深入地理解 HDFS、MapReduce、YARN 框架、Linux 常用命令、SSH 等 Hadoop

应用。了解云创大数据实验一体机的优势、使用场景、实现的原理与技术，可以为学习 Hadoop 应用，实现分布式计算奠定基础。

 ## 习题

简答题

1. 什么是分布式计算？
2. Hadoop 平台有哪些运行模式？
3. Hadoop 集群由哪些节点组成？
4. Hadoop 的核心模块有哪些？
5. 简述云创大数据一体机的特点。

参考文献

[1]　南京云创大数据科技有限公司　http://www.cstor.cn.

[2]　云计算世界　http://www.chinacloud.cn.

[3]　中国专业 IT 社区 CSDN http://www.csdn.net.

[4]　刘鹏. 云计算（三版）[M]. 北京：电子工业出版社，2015.

[5]　刘鹏. 实战 Hadoop 2.0 [M]. 北京：电子工业出版社，2017.

[6]　刘鹏. 大数据 [M]. 北京：电子工业出版社，2017.

第 8 章

云计算应用

"云应用"作为"云计算"概念的子集，是云计算技术在应用层的最直接体现。云应用跟云计算不同，云计算作为一种宏观技术发展概念而存在，而云应用则是直接面对客户解决实际问题的产品。

云应用的工作原理是把传统软件"本地安装、本地运算"的使用方式变为"即取即用"的服务，通过互联网或局域网连接并操控远程服务器集群，完成业务逻辑或运算任务的一种新型应用。云应用的主要载体为互联网技术，以瘦客户端（Thin Client）或智能客户端（Smart Client）的形式展现，其界面实质上是 HTML5、JavaScript 或 Flash 等技术的集成。云应用不但可以帮助用户降低 IT 成本，更能大大地提高工作效率，因此传统软件向云应用转型的发展革新浪潮已经不可阻挡。

传统的应用，如存储、安全、办公、游戏娱乐、金融、教育等各行各业的应用系统都已经在云计算基础架构上得以应用。本章将对上述应用系统进行具体介绍。

8.1 云存储

8.1.1 云存储的概念与现状

云存储是目前存储领域的一个新兴产物，对于云存储人们众说纷纭。有人说云存储就是网盘，以 Dropbox、Google、百度网盘、腾讯微云等为代表。网盘是最接近公众的云存储的一种表现形式，它把用户的文件数据存储至网络，以实现对数据的存储、备份、归档，满足对数据存储、使用、共享和保护的目的。也有人认为，云存储是某种文档的网络存储方式，如 Evernote、有道云笔记等笔记存储服务。还有人认为云存储就是通过集群应用、网格技术或分布式系统等功能，将网络中大量不同类型的存储设备通过应用软件集合起来协同工作，共同对外提供数据存储和业务访问功能的一套系统设备。

对于云存储，到目前为止，并没有行业权威的定义，但业内对云存储已经形成了统一的共识。云存储是在云计算概念上延伸和发展出来的一个新的概念，是指通过集群应用、网格技术或分布式文件系统等功能，将网络中大量不同类型的存储设备通过应用软件集合起来协同工作，共同对外提供数据存储和业务访问功能的一个系统。当云计算系统运算和处理的核心是大量数据的存储和管理时，云计算系统中就需要配置大量的存储设备，那么云计算系统就转变成了一个云存储系统，所以云存储是一个以数据存储和管理为核心的云计算系统。简单来说，云存储就是将存储资源放到云上供人存取的一种新兴方案。使用者可以在任何时间、任何地方，通过任何可联网的装置连接到云上方便地存取数据。

云存储不仅是存储技术或设备，更是一种服务的创新。云存储提供按需服务的应用模式，用户可通过网络连接云端存储资源，实现用户数据在云端随时随地的存储。云存储通过分布式、虚拟化、智能配置等技术，实现海量、可弹性扩展、低成本、低能耗的共享存储资源。

云存储如同云状的广域网和互联网一样，对使用者而言，不是指某一个具体的设备，而是指一个由许许多多个存储设备和服务器所构成的集合体。使用者使用云存储，并不是使用某一个存储设备，而是使用整个云存储系统带来的一种数据访问服务。所以严格来讲，云存储不是存储，而是一种服务。

云存储的核心是应用软件与存储设备相结合，通过应用软件来实现存储设备向存储服务的转变。它具有优于传统存储的诸多优势，其中最大的特点是为企业节约成本，另外它还具备能更好地备份本地数据并可以异地处理日常数据等优势。

云存储系统应具有以下通用特征。

❑ 高可扩展性：云存储系统可支持海量数据处理，资源可以实现按需扩展。

❑ 低成本：云存储系统应具备高性价比的特点，低成本体现在两方面，即更低的建设成本和更低的运维成本。

❑ 无接入限制：相比传统存储，云存储强调对用户存储的灵活支持，服务域内存储资源可以随处接入，随时访问。

❑ 易管理：少数管理员可以处理上千节点和 PB 级存储，更高效地
支撑大量上层应用对存储资源的快速部署需求。

云存储已经成为未来存储发展的一种趋势。但随着云存储技术的发展，
各类搜索、应用技术和云存储相结合的应用，还需从安全性、便携性及数据
访问等角度进行改进。

云存储具有以下几个方面的优势。

❑ 存储管理可以实现自动化和智能化。所有的存储资源被整合到一
起，客户看到的是单一的存储空间。

❑ 提高了存储效率。通过虚拟化技术解决了存储空间的浪费，可以
自动重新分配数据，提高了存储空间的利用率，同时具备负载均
衡、故障冗余功能。

❑ 云存储能够实现规模效应和弹性扩展，降低运营成本，避免资源
浪费。

云存储虽然具有以上的优势，但是同时也有以下隐患与缺点。

❑ 对于较为机密的数据，云存储服务提供商无法更好地保证用户数
据的安全性。

❑ 由于带宽和其他因素，云端访问的性能可能比本地端存储设备的
性能低。

❑ 当用户有特殊的数据使用记录追踪需求时（如公务部门依据规章
和条例的要求，而需留存某些电磁记录时），使用云计算及云存
储将使工作复杂度增加。

❑ 传递大型数据时，如果互联网断线或云服务供应商出现差错，小
则需要重新传输，大则可能会导致数据上的差错或丢失。

针对以上分析，安全使用云存储时应该做到以下几点。

❑ 不要把重要数据或者涉及个人隐私的数据放在云服务器上，毕竟
没有绝对安全的云存储。

❑ 重要的数据要做好本地备份，防止发生云服务中断或云数据丢失
等意外情况。

❑ 选择公有云时，要选择一些全球或比较知名的服务商，毕竟这些
服务商在数据加密传输和加密存储方面都是有技术实力的。

❑ 要设置强度比较高的密码，并且关闭自动登录选项，更换或者丢
弃移动设备之前要清空设备保存的云服务登录密码，保证自身数
据不被泄露。

❑ 在使用云存储时避免上传一些色情元素的视频，或者敏感的信息。

8.1.2　云存储的应用

人们使用云存储，相比传统存储，核心价值体现在便捷性、智能性、共享性 3 个方面。

1.　便捷性

云存储的便捷性体现在以下 3 个方面。

（1）跨端同步。不像传统的存储方式，以物理产品为载体，而网盘是一种云存储。云存储，首先是"云"，其次才是"存储"。使用云存储最大的目的是云同步。

（2）自动备份。云存储类产品支持自动备份，可以将不同终端里的文件自动备份至云端。

（3）便捷查找。人们查找文件的方式有多种，云存储类产品提供了不同的查找维度。比如：搜索、分类、文件夹。

- ❑　搜索：一般在目标性比较明确的情况下进行使用。这种便捷操作一般会在页面比较明显的位置，如 Evernote、微云、有道云笔记等都是放在顶部。
- ❑　分类：一般是进行模糊查找。当大致记住目标文件的属性和时间时，比较适用于这种查找方式。如 Google Drive、微云、百度网盘都提供了这种筛选入口。
- ❑　文件夹：一般是针对有自主整理需求的用户，也是网盘类用户常用的功能。

2.　智能性

通过新技术赋能，云存储类产品可更加智能地帮助用户存储和消费内容。云存储的智能性主要体现在以下三个方面。

（1）智能识别。AI 是近几年非常热门的话题，其可以是无人车、机器人这种载体，同样也可以是提升生活效率的 OCR 技术等。

例如，微云的"智能扫描"功能，利用 OCR 技术，可以将实物上的文字提取成文本格式，从而节省手动输入的成本，方便存储和编辑。

再例如，有道云笔记的"文档扫描"功能，可以将拍摄的照片生成扫描文件，同时，单击"提取文字"操作后，用手指滑动到的文字，也能自动生成文字版本。

可以看出，相比传统存储方式，云存储类产品，正在利用目前技术的优势，提供更加智能的操作，满足人们多样化的存储需求。

（2）智能分类。为了满于懒于整理文件，又希望快速筛选文件的用户，很多存储类产品都提供了智能分类的功能，对存储的照片按照不同维度进行智能分类。

例如，百度网盘和 Google Photo 通过对人物、事物、地点进行不同颗粒度的区分，可以帮助用户快速筛选目标图片。

（3）智能浏览。在浏览不同文件时，提供更符合当时场景的体验，会使整个浏览过程更加沉浸。

例如，百度网盘通过切换不同属性的相册，可以提供差异化的浏览体验。像旅行相册，提供类似游记的浏览方式；而宝宝相册，则整体设计更加 Q 萌，而且对关键节点的时间进行记录提醒。

除了相册以外，如果产品智能识别出用户存有大量的银行卡或证件，会引导用户将其存入卡包，这样存储更加安全、查找更加便捷。

3．共享性

相比传统存储方式，云存储能够更方便地把自己的文件分享或共享给自己的朋友、同事或家人，但国内外的存储类产品侧重点会有一些不同。

（1）轻松分享。分享，在国内云存储产品上是比较常用的场景。因为国内个人网盘更倾向于存储他人分享的资源，或者分享自己的资源给他人。

（2）协同共享。其实，网盘运用到学习和工作中，更重要的不是备份和存储，而是分享和协作。

例如，Dropbox 本身基于文件的协作就有评论，共享文件夹里的人都可以针对一份文件进行讨论，比如对于一份报告的反复修改，或者一份报告需要多人编辑。

8.2 云安全

8.2.1 云安全的概念与现状

紧随云计算、云存储之后，云安全（Cloud Security）也出现了。云安全是一个从云计算演变而来的新名词，其策略构想是：使用者越多，每个使用者就越安全，因为如此庞大的用户群，足以覆盖互联网的每个角落，只要某个网站被挂马或某个新木马病毒出现，就会立刻将其截获。

在概念上简单理解就是通过互联网达到"反病毒厂商的计算机群"与"用户终端"之间的互动。云安全不是某款产品，也不是解决方案，它是基于云计算技术演变而来的一种互联网安全防御理念。

反病毒厂商处于云端，通过互联网制造了云，用户是云中的某一个节点。在云中，厂商与用户形成新的交流方式，从而演变出一种全新的安全威胁防御思路。

云安全是我国企业创造的概念，在国际云计算领域独树一帜。云安全技术是网络时代信息安全的最新体现，它融合了并行处理、网格计算、未知病毒行为判断等新兴技术和概念，通过网状的大量客户端对网络中软件行为的异常进行监测，获取互联网中木马、恶意程序的最新信息，传送到服务器端进行自动分析和处理，再把病毒和木马的解决方案分发到每一个客户端。整个互联网，变成了一个超级大的杀毒软件，这就是云安全计划的宏伟目标。

未来杀毒软件将无法有效地处理日益增多的恶意程序。来自互联网的主要威胁正在由电脑病毒转向恶意程序及木马，在这样的情况下，采用特征库判别法显然已经过时。云安全技术应用后，识别和查杀病毒不再仅仅依靠本地硬盘中的病毒库，而是依靠庞大的网络服务，实时进行采集、分析以及处理。整个互联网就是一个巨大的“杀毒软件”，参与者越多，每个参与者就越安全，整个互联网就会更安全。

云安全的概念提出后，曾引起了广泛的争议，许多人认为它是伪命题。但事实胜于雄辩，云安全的发展像一阵风，瑞星、趋势、卡巴斯基、迈克菲、赛门铁克、江民科技、PANDA、金山、360 安全卫士等都推出了云安全解决方案。金山的云技术使得自己的产品资源占用得到极大的减少，在很多老机器上也能流畅运行。趋势科技云安全已经在全球建立了 5 大数据中心，拥有几万部在线服务器。据悉，云安全可以支持平均每天 55 亿条单击查询，每天收集分析 2.5 亿个样本，资料库第一次命中率就可以达到 99%。借助云安全，趋势科技现在每天阻断的病毒感染最高达 1000 万次。

8.2.2　云安全服务的特征

根据以上定义，云安全服务具备以下 5 个方面的特征。

❑　以网络安全资源的集群和池化为基础。这些安全资源包括了满足各类客户安全防护需求的各种安全能力，包括在定义中指出的访问控制、DDoS 防护、病毒和恶意代码的检测和处理、网络流量的安全检测和过滤、邮件等应用的安全过滤、网络扫描、Web 等特定应用的安全检测、网络异常流量检测等，并且在这些安全资源的池化过程中还因为其安全防范特点及云安全服务模型的不同而不同。

❑　以互联网络为中心。互联网络为其服务提供唯一的途径。根据这一特征，传统的一些安全服务，例如可管理的安全服务（Managed

Security Service，MSS）（包括传统的安全事件监控、安全接入、防病毒、木马查杀、内容安全监控、入侵检测、DDoS 攻击防护、安全扫描等安全服务）、网络安全管理（Security Operation Center，SOC）业务通过适当的改造，将成为云安全服务的重要组成部分。而一些传统的并非以网络为提供途径的安全服务，如安全代维业务（Security Outsourcing）将不被列入云安全服务的范畴。由于网络安全本身的特点，注定了部分安全服务将无法在网络提供上具备所期望的优势，特别是在电信运营商未介入云安全服务市场时，此种情况尤为明显。

❑ 具备按需的可伸缩服务。云安全服务的这种特征来源于两个方面。首先，云安全服务系统在设计中具备了各种安全防护能力的分离和按需提供的能力，客户可以灵活地根据其业务特点和安全防护需求选择相应的安全业务。其次，云安全服务提供容量上可伸缩的业务能力，这种容量的可伸缩依安全能力的种类而不同，可以是网络带宽，也可以是相应的 IP 地址数量等。

❑ 云安全服务的透明化。根据合理的设计，云安全服务系统使得用户可以在不必了解内部部署方式的前提下享受相应的安全防护能力。云安全服务通过整体的安全池中安全设施的单机和集群的维护实现客户在业务使用中的零维护、零管理，并通过云安全服务的自助服务系统的开发实现客户自助服务和客户与业务提供商的最小化交互。

❑ 云安全服务的服务化。用户可不必投资、拥有和维护在云安全中所能提供相应能力的安全设备，而可直接购买云安全提供的各种业务。因此，在云安全服务中提供合理的计费和服务指标将是其业务提供的重要组成部分。

在明确了云安全服务的 5 个特征之后，还需要了解云安全服务的几个特点，并在云安全服务的设计和实施中加以关注。

❑ 并非所有的网络安全防范能力都能在云计算的引入中获益，因此在云安全服务的设计和部署中要注意避免人"云"亦"云"。

❑ 由于网络安全自身的特点，在很多的服务提供中云安全服务通常需要终端和桌面的代理来协助，因此，纯云的模式将很难实现，"云+端"模式将是云安全服务设计和部署的选择。

❑ 根据网络安全防范的"木桶效应"，即决定网络整体安全水平的关键因素不是安全性最好的方面，而是安全性最差的方面，正如决定木桶盛水量多少的关键因素不是其最长的木板，而是最短的木板。由于云安全服务未能提供所有的网络安全防范能力，因此在企业安全设计中除了使用云安全服务之外，还需要根据安全防范要求考虑相应的安全防范措施。

8.2.3 云安全关键问题

云安全技术是 P2P 技术、网格技术、云计算技术等分布式计算技术混合发展、自然演化的结果。

要想建立"云安全"系统，并使之正常运行，需要解决以下 4 个问题。

❑ 需要海量的客户端（云安全探针）。只有拥有海量的客户端，才能对互联网上出现的恶意程序、危险网站有最灵敏的感知能力。一般而言，安全厂商的产品使用率越高，反应会越快，最终应当能够实现无论哪个网民中毒、访问挂马网页，都能在第一时间做出反应。

❑ 需要专业的反病毒技术和经验。发现的恶意程序被探测到，应当在尽量短的时间内被分析，这需要安全厂商具有过硬的技术，否则容易造成样本的堆积，使云安全的快速探测的结果大打折扣。

❑ 需要大量的资金和技术投入。云安全系统在服务器、带宽等硬件方面需要极大的投入，同时要求安全厂商应当具有相应的顶尖技术团队和持续的研究花费。云安全需要依托强大的技术实力与资源优势。奇虎 360 董事长周鸿祎指出："一家企业没有 1 000 台以上的服务器，就不要妄谈云安全。"由此可见，云安全系统所需要的资金量之巨。

❑ 可以是开放的系统，允许合作伙伴的加入。云安全可以是个开放性的系统，其"探针"应当与其他软件相兼容，即使用户使用不同的杀毒软件，也可以享受"云安全"系统带来的成果。

▲ 8.3 云办公

8.3.1 云办公的基本概念

广义上的云办公指将政企办公完全建立在云计算技术的基础上，从而实现降低办公成本、提高办公效率和低碳减排的目标。

狭义上的云办公指以"办公文档"为中心，为政企提供文档编辑、存储、协作、沟通、移动办公、工作流程等云端 SaaS 服务。云办公作为 IT 业界的发展方向，正在逐渐形成其独特的产业链与生态圈，并有别于传统办公软件市场。

在云平台上，所有的办公设备、办公咨询策划服务商、设备制造商、行业协会、管理机构、行业媒体、法律机构等都集中起来并整合成资源池，各个资源相互展示和互动，按需交流，达成意向，从而降低成本，提高效率。

云办公原理如图 8-1 所示。

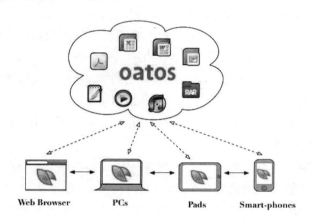

图 8-1　云办公原理图

云办公的原理是把传统的办公软件以瘦客户端或智能客户端的形式运行在网络浏览器中，从而达到轻量化的目的。随着云办公技术的不断发展，现今世界顶级的云办公应用，不但对传统办公文档格式具有很强的兼容性，更展现了前所未有的特性。

云办公的特性包括以下几点。

❑ 编制出精彩绝伦的文档不再是传统办公软件（如 Microsoft Office）所独有，网络浏览器中的瘦客户端同样可以编写出符合规格的专业文档，并且这些文档在大部分主流操作系统与智能设备中都可以轻易打开。

❑ 文档可以多人同时进行编撰修改，配合直观的沟通交流，随时构建网络虚拟的生产小组，从而极大地提高办公效率。

❑ 移动化办公，配合强大的云存储能力，使办公文档数据可以无处不在，通过移动互联网随时随地同步与访问数据，云办公可以帮助外派人员彻底扔掉繁重的公文包。

在 PC 时代 Microsoft 公司的 Office 软件垄断了全球的文档办公市场，但随着企业协同办公需求的不断增加，传统办公软件展现出以下缺点。

❑ 使用复杂，对电脑硬件有一定要求。传统办公软件需要用户购买并安装臃肿的客户端软件，这些客户端软件不但价格昂贵，而且要求用户在每一台计算机都进行烦琐的下载与安装，最后更拖慢了本地的运行速度。

❑ 跨平台能力弱。传统办公软件对于新型智能操作系统（如 iOS、Android 等）没有足够的支持。随着办公轻量化、办公时间碎片化逐渐成为现代商业运作必不可少的元素，传统办公软件则相对显得臃肿与笨重。

❑ 协同能力弱。现代商业运作讲究团队协作，传统办公软件"一人一软件"的独立生产模式无法将团队中每位成员的生产力串联起来。虽然传统办公厂商（如 Microsoft）推出了 SharePoint 等专有文档协同共享方案，但其昂贵的价格与复杂的安装维护成了其普及的绊脚石。

云办公应用为解决传统办公软件存在的诸多问题而生，其相比传统办公软件的优越性体现在以下几个方面。

❑ 运用网络浏览器中的瘦客户端或智能客户端，云办公应用不但实现了最大程度的轻量化，更为客户提供了创新的付费选择。首先，用户不再需要安装臃肿的客户端软件，只需打开网络浏览器便可轻松运行强大的云办公应用。其次，利用 SaaS 模式，客户可以采用按需付费的形式使用云办公应用，从而达到降低办公成本的目的。

❑ 因为瘦客户端与智能客户端本身的跨平台特性，云办公应用自然也拥有了这种得天独厚的优势。借助智能设备为载体，云办公应用可以帮助客户随时记录与修改文档内容，并同步至云存储空间。云办公应用让用户无论使用何种终端设备，都可以使用相同的办公环境，访问相同的数据内容，从而大大提高了方便性。

❑ 云办公应用具有强大的协同特性，其强大的云存储能力不但让数据文档无处不在，更结合云通信等新型概念，围绕文档进行直观地沟通与讨论，或进行多人协同编辑，从而大大提高团队协作项目的效率与质量。

8.3.2　云办公的应用

下面列出一些知名的云办公应用提供商。

1．Google Docs

云办公应用的先行者，提供在线文档、电子表格、演示文稿三类应用的支持。用户可以轻易地执行所有的基本操作，包括编制项目列表、按列排序、添加表格/图像/注释/公式、更改字体以及其他更多操作，并且它是完全免费的。Google Docs 接受常见的文件格式，包括 DOC、XLS、ODT、ODS、RTF、CSV 和 PPT 等。熟悉的桌面风格也让用户编辑起来倍感轻松，只需单击工具栏上的按钮，即可进行加粗、加下画线、缩进、更改字体或数字格式、更改单元格背景颜色等多种操作。该产品于 2005 年推出至今，不但为个人提供服务，更整合到了其企业云应用服务 Google Apps 中。

2．91 云办公

该软件平台是为中小企业提供的云办公解决方案，基于 SaaS 模式，跨平台提供 91U 即时通信、91Todo 任务分发、91CRM 客户关系管理、ERP 管理平台等主要服务，并同时整合安卓市场旗下近千种办公应用的下载与使用。

3．35 互联

采用行业领先的云计算技术，基于传统互联网和移动互联网，创新云服务+云终端的应用模式，为企业用户提供统一账号管理聚合应用服务。35 云办公聚合了企业邮箱、企业办公自动化、企业客户关系管理、企业微博、企业即时通信等企业办公应用需求，同时满足了桌面互联网、移动互联网的办公模式，开创了全新的立体化企业办公新模式。一体化实现企业内部的高效管理，使企业沟通、信息管理以及事务流转不再受使用平台和地域限制，为广大企业提供最高效、稳定、安全、一体化的云办公企业解决方案。

4．搜狐企业网盘

搜狐企业网盘，是集云存储、备份、同步、共享为一体的云办公平台，具有稳定安全、快速方便的特点。搜狐企业网盘具有以下特点：支持所有文件类型上传、下载和预览，且支持断点续传；多平台高效同步，共享文件实时更新，误删文件快速找回；有用户权限设置，保障文件不被泄露；采用 AES-256 加密存储和 HTTP+SSL 协议传输，多点备份，保证数据安全。

5．Office365

Microsoft 公司也推出了其云办公应用 Office365，预示着 Microsoft 自身对于 IT 办公的理解转变，更预示着云办公应用的发展革新浪潮不可阻挡。Office365 将 Microsoft 众多的企业服务器服务以 SaaS 方式提供给客户。

6．Evernote（印象笔记）

口号为"记录一切"。Evernote 并没有在兼容传统办公软件格式上花太多的功夫，而是瞄准跨平台云端同步这个亮点。Evernote 允许用户在任何设备上记录信息并同步至用户其他的绑定设备中。

7. 一站式平台

Gleasy 一站式云办公平台集成了员工管理、组织架构、企业即时通信、群组讨论、企业微博、企业网盘、企业邮箱、工作审批、任务安排、公司活动、投票表决、文件共享、在线 Office 等企业基础服务。此外，企业可以在应用商店安装所需要的在线管理级应用。使用 Gleasy 开放平台提供的 API，应用定制商可以为平台内某家企业专门开发定制应用。

8. OATOS 燕麦云

OATOS 专注于企业市场，企业用户只需打开网络浏览器便可安全直观地使用其云办公套件。OATOS 兼容现今主流的办公文档格式（如 DOC、XLS、PPT、PDF 等），更配合 OATOS 企业网盘、OATOS 云通信、OATOS 移动云应用、OATOS 云视频会议等核心功能模块，为企业打造了一个创新的、集文档处理、存储、协同、沟通、移动化为一体的云办公 SaaS 解决方案。

9. i8 小时

蕴含社交模式，利用云计算技术支持灵活的工作流和移动办公体系，帮助企业实现沟通、管理、协作的统一，超越了传统办公平台。云办公平台可实现快速部署，支持流程自主设计，并可随组织变化随心调整，让管理与文化融合，办公随时随地、无限畅通。同时 Android 版、iOS 版以及计算机客户端与主站又实现了实时同步，形成了一体化的信息管理机制，真正体现了云端办公。

10. VSTYLE——780 云办公室

VSTYLE（微斯代）重点支持面向中小微企业的 SaaS、PaaS 平台研发和应用，推出了结合计算机、手机、平板等多终端的一站式办公解决方案——780 云办公室（780.cn）。780 云办公室结合强大的沟通管理应用、内容丰富的应用市场、安全便捷的网络存储，不仅带来了全新的办公体验，同时极大地提升了企业的办公效率。

8.4 云娱乐

8.4.1 云娱乐的概念与现状

云娱乐即通过电视直接上网，无需计算机、鼠标、键盘，只用一个遥控器便能轻松畅游网络世界，既节省了去电影院的时间和金钱，又省去了下载的麻烦，使电视用户可随时免费享受到即时、海量的网络大片，打造了一个更为广阔的 3C 融合新生活方式。

现在对用户体验更加友好的一个产品——云游戏，已经进入了人们的视野。玩家如何玩游戏、如何对信息和数据进行迁移和应用，云游戏赋予了它们新的含义。

云游戏是一个全新的商业模式，从游戏制作、发布到消费，从软件到硬件整个产业链都发生了变化。对于游戏玩家来说，他们比较的不仅仅是价格，还有消费的体验，可以和很多人一起玩的体验，可以在很多游戏中随意选择的体验，这些都是传统游戏提供不了的。

云游戏类似于视频点播，区别仅仅在于：它只是为了玩游戏。云游戏意味着用户不再受到各种限制，再也不用担心是不是能负担得起市场上的下一个大型游戏。许多供应商提供这种技术，只是按月收取租金而已，但花费远远不到购买一个新游戏所需的费用。而且，用户不用担心游戏系统是否能处理这个游戏，不需要足够大的硬盘，不用再浪费时间来下载，云计算和它使用的技术已经打开了新一代非商业类游戏的新天地，用户可以尽情驰骋。

无论是智能手机还是 PC，甚至是游戏机都提供某种形式的云计算。想回到家里继续玩游戏，那就保存进度，跟在地球另一端的好友一起“重生”在刚刚离开的地方，这完全没有问题。在云游戏的运行模式下，所有游戏都在服务器端运行，并将渲染完毕后的游戏画面压缩后通过网络传送给用户，在客户端，用户的游戏设备不需要任何高端处理器和显卡，只需要基本的视频解压能力就可以了。

8.4.2　云娱乐的特点

从理论上讲，云游戏作为云娱乐的重头戏，有很大的发展空间。其主要特点如下。

- ❑ 无须昂贵的硬件投资或升级。使用云游戏，不需要升级 PC 或控制台，不需要购买昂贵的游戏硬件，而只需使用现有的硬件。也可以买一个便宜的流媒体盒和控制器，插入电视和家庭网络。
- ❑ 可以在任何操作系统或设备上玩游戏。大多数高端非手机游戏目前都可用链接到 PC（通常是 Windows）或游戏机。云游戏将允许游戏变得更加独立于平台，允许运行 Linux、Android、iOS、Chrome OS、Windows RT 和其他操作系统的 PC 和平板电脑玩游戏，否则这些游戏只能在 Windows 上运行。
- ❑ 将游戏集成到电视和其他设备中。电视制造商可以将对云游戏服务的支持集成到智能电视中,而电视机不需要任何强大且昂贵的游戏硬件,从而使任何具有正确软件和控制器的电视机都可以在没有任何额外的盒子的情况下进行游戏。如今一些智能电视已经通过它们的 OnLive 集成包括了这个功能。

❑ 即时使用。某些游戏在使用之前可能需要下载安装,而云游戏则可以立即开始玩游戏,因为服务器已经安装了游戏。

❑ 易于欣赏。云游戏服务将允许非常容易地观看游戏,例如专业游戏比赛。观众不需要安装游戏,因为视频流可以容易地被许多用户传播。

❑ 可以很好地保护版权。如果游戏运行在远程服务器而不是自己的计算机上,它们几乎不可能被盗用,这使得云游戏对发行商来说是一种有吸引力的版权保护形式。

不过,云游戏也有以下一些明显的缺点。

❑ 视频压缩导致体验稍差。正如在 YouTube 或 Netflix 上观看的视频被压缩以使其占用更少的带宽,从云游戏服务收到的游戏"视频"也会被压缩,它不会像高端游戏 PC 所能呈现的那样清晰细腻。但是,收到的压缩视频看起来可能比在本地配置较低的主机渲染的效果更好。

❑ 云游戏服务需要大量的带宽。在 OnLive 上玩游戏的带宽可能会超过每小时 3GB,如果 Internet 连接上有带宽限制,这可能是一个严重的问题。如果每个人都使用云服务玩游戏,带宽使用量将大幅增加。

❑ 云游戏服务总是比强大的本地硬件有更多的延迟,这是没有办法绕过的一个问题。游戏在本地计算机上运行时可以更快地对操作做出反应,因为鼠标移动到达本地计算机的反应时间,要比通过 Internet 连接传输、渲染和压缩,然后返回的时间更快。

随着计算机技术的发展及网络互联传输速率的提高,上述缺点在不久的将来将会得到较好的改善。在未来,云游戏将是各娱乐厂商竞争的焦点。

8.5 云金融

8.5.1 云金融的概念与现状

云金融是指基于云计算商业模式应用的金融产品、信息、服务、用户、各类机构以及金融云服务平台的总称。云平台有利于提高金融机构迅速发现并解决问题的能力，提升整体工作效率，改善流程，降低运营成本。从技术上讲，云金融就是利用云计算机系统模型，将金融机构的数据中心与客户端分散到云里，从而达到提高自身系统运算能力和数据处理能力、改善客户体验评价、降低运营成本的目的。

金融行业是现阶段云计算与行业融合的重要应用行业，市场中各主要行业云方案提供商都在金融行业有相应的金融云解决方案推出。从用户数量上来看，目前金融行业也是行业云应用案例比较多的行业。随着互联网金融的兴起，大量的互联网金融企业从一开始就将 IT 系统架设在云端，因此也为云计算在金融行业的发展带来了广泛的基础。出于行业的特点，金融用户对于金融云中数据的安全性以及系统的稳定性有更苛刻的要求，因此可以说金融云在整个行业云中是一个需求的制高点。

构建云金融信息处理系统，对于企业来说，具有如下几方面的优势。

（1）降低金融机构运营成本。云概念最早的应用便是亚马逊（Amazon）于 2006 年推出的弹性云计算（Elastic Computer Cloud EC2）服务，其核心便是分享系统内部的运算、数据资源，以达到使中小企业以更小的成本获得更加理想的数据分析、处理、存储的效果。

而网络金融机构运营的核心之一，便是最大化地减少物理成本和费用，提高线上（虚拟化）的业务收入。云计算可以帮助金融机构构建"云金融信息处理系统"，减少金融机构在诸如服务器等硬件设备的资金投入，使效益最大化。

（2）使不同类型的金融机构分享金融全网信息。金融机构构建云化的金融信息共享、处理及分析系统，可以使其扩展、推广到多种金融服务领域。诸如证券、保险及信托公司均可以作为云金融信息处理系统的组成部分，在全金融系统内分享各自的信息资源。

（3）统一网络接口规则。目前国内金融机构的网络接口标准大相径庭，通过构建云金融信息处理系统，可以统一接口类型，最大化地简化诸如跨行业业务办理等技术处理的难度，同时也可减少全行业硬件系统构建的重复投资。

（4）增加金融机构业务种类和收入来源。上述的信息共享和接口统一，均可以对资源的使用方收取相关的费用，使云金融信息处理系统成为一项针对金融系统同业企业的产品，为金融机构创造额外的经济收入来源。

通过云化的金融理念和金融机构的线上优势，可以构建全方位的客户产品服务体系。例如，地处 A 省的服务器、B 市的风险控制中心、C 市的客服中心等机构，共同组成了金融机构的产品服务体系，为不同地理位置的不同客户提供同样细致周到的产品体验，这就是"云金融服务"。

事实上，基于云金融思想的产品服务模式已经在传统银行和其网上银行的服务中得到了初步的应用。金融机构可通过对云概念更加深入的理解，提供更加云化的产品服务，提高自身的市场竞争力。

例如，虽然各家传统银行的网上银行都能针对客户提供诸如储蓄、支付、理财、保险等多种不同的金融服务，但作为客户，其同一种业务可能需要分别在多家不同的银行平台同时办理。当有相应的需求时，就需要分别登录不同的网上银行平台进行相关操作，极其烦琐。而云金融信息系统，可以协同多家银行为客户提供云化的资产管理服务，包括查询多家银行账户的余额总额、同时使用多家银行的现金余额进行协同支付等，均可在金融机构单一的平台得以实现。如此一来，将会为客户提供前所未有的便利性和产品体验。

中国信息通信研究院的闫丹工程师在"2017 可信云大会"上指出，国际上云计算在金融行业的发展迅速，Fintech 公司以云计算为依托，同时借助近十年来崛起的大数据技术以及人工智能技术，不仅改变了金融机构的IT 架构，也使得其能够随时随地访问客户，为客户提供了方便的服务，从而改变了金融行业的服务模式和行业格局。但他们对于云计算的使用目前多在于支持非关键业务，如提升网点营业厅的生产力、人力资源、客户分析或者客户关系平台，并没有在支付、零售银行以及资金管理等核心业务系统使用云计算。

在国内，国家层面高度重视金融行业的云发展，随着国家"互联网+"政策的落地，金融行业"互联网+"的步伐也不断地加快，同时银监会和中国人民银行颁布了相关的指导意见和工作目标。国务院颁布了《关于积极推进"互联网+"行动的指导意见》，鼓励金融机构利用云计算、移动互联网、大数据等技术手段加快金融产品和服务的创新。银监会颁布了《中国银行业信息科技"十三五"发展规划监管指导意见》，首次对银行业云计算明确发布了监管意见，明确提出积极开展云计算架构规划，主动和稳步实施架构迁移，是中国金融云建设的里程碑事件。除了金融私有云之外，银监会第一次强调行业云的概念，正式表态支持金融行业云的发展。中国人民银行颁布了《中国金融业信息技术"十三五"发展规划》，要求落实推动新技术应用，促进金融创新发展，稳步推进系统架构和云计算技术的应用研究。

8.5.2　云金融的应用

目前国内金融行业使用云计算技术采取了两种模式：私有云和行业云。

❑　对于技术实力和经济基础比较强的大型机构偏向于私有云的部

署方式，可以将一些核心业务系统、重要敏感数据的存储部署到私有云上。一般采用购买硬件产品、基础设施解决方案的方式搭建，在生产过程中实施外包驻场运维、自主运维或自动运维方式。

❑ 对中小型银行，由于经济实力较弱，同时由于技术能力偏弱，所以通常采取行业云的方式。所谓的行业云是通过金融机构间的基础设施领域的合作，通过资源等方面的共享，在金融行业内形成公共基础设施、公共接口、公共应用等一批公共的技术服务，用于提供金融机构外部客户的数据处理服务，或为一定区域内的金融机构、垂直金融机构提供资源共享服务。

在国外，瑞银银行利用云计算完成数字化转型，采取了混合云的方式，在平时日常业务处理中使用的是瑞银数据中心进行，一旦峰值到来，可以将负载导入公有云平台，充分利用公有云计算资源完成风险计算工作。

在国内，中国邮政储蓄银行采用的是私有云模式，从而满足对开放性、稳定性、灵活性以及安全性等方面的需求。兴业数金则提供了金融行业云，主要为中小银行和非银行金融机构、中小企业提供金融行业云的服务，率先将云计算技术用于生产系统，而且将云计算技术推向金融行业云的维度，这是一个金融行业应用行业云比较典型的案例。

8.6　云教育

8.6.1　云教育的概念与现状

云教育（Cloud Computing Education，CCEDU），是指基于云计算商业模式应用的教育平台服务。在云平台上，所有的教育机构、培训机构、招生服务机构、宣传机构、行业协会、管理机构、行业媒体、法律机构等都集中整合成资源池，各个资源相互展示和互动，按需交流，达成意向，从而降低教育成本，提高效率。

从现在我国的教育情况来看，由于我国疆域辽阔，教育资源分配不均，很多中小城市的教育资源长期处于一种较为尴尬的局面。世界上很多国家也都已经出现了这种情况。面对这种状况，部分国家已研制了相应的信息技术促进教育变革。目前，我国在这方面也在利用云计算进行教育模式改革，促进教育资源均衡化发展。云计算在教育领域中的迁移称之为"教育云"，是未来教育信息化的基础架构，包括了教育信息化所必需的一切硬件计算资源，这些资源经虚拟化之后，向教育机构、教育从业人员和学员提供一个良好的平台，该平台的作用就是为教育领域提供云服务。

国内教育云应用正从起步阶段逐步向快速发展阶段过渡。通过教育云平台的建设将使教育资源得以充分利用，减少教学资源无法共享、教育信息化基础设施不足等问题。云计算正在逐步影响教育行业，其先进的技术理念、可扩展性和高可用性等诸多优点，将为教育行业带来一系列巨大的变化和革新。

云教育是将线上教育与线下教育有机地结合在一起的综合的教育形态。有机结合的结果是既不同于单纯的线上，也不同于单纯的线下，二者在人为的设计之下取长补短地发生了一种"化学反应"。根据不同的学习需求和学习目标，采用不同的组合方式，诞生了一种新的教育形态。近现代发展的历史证明，跨学科跨行业的发展是创新之源，将数学思想引入到经济学和生物学都造就了这些学科的革命。同样地，将互联网引入教育也注定会引发教育行业的伟大变革，而在这个变革之初所面临的最大难点是需要跨界人才的出现。搞互联网的人不懂教育，搞教育的人不懂互联网，现在的时间节点恰恰就正处于"摸着石头过河"的阶段。

云教育以实现教育公平、教育成果共享、高效便捷学习、降低学习成本、丰富教学形式、提升教学效果为目标，这些目标则由于"云"概念与技术的出现而得以实现。基于云计算的教育服务平台，纵跨互联网、电信网（联通、电信、移动，3G/4G 全网覆盖）、广电网，将教育部门、教育机构、培训机构、独立教师、学生与家长有机地连接在一起，形成了学校—家庭—社会三位一体的绿色网络平台和智慧教育平台。

依据推动云教育发展的主体，我国目前云教育发展的情况如下。

- ❑ 就教育部门和教育机构而言，在国家教育战略要求下，在学生学习需求的推动下，变革是一件自然而然的事。

- ❑ 就培训机构而言，传统培训机构要在既得利益稳定的前提下来搞这个变革是有着相当大的难度和阻力的。而从这些机构中裂变出来的一个个线上独立教师无疑既挑战了传统机构的盈利模式，又在一定程度上促进了传统培训机构变革的决心。

- ❑ 就独立教师而言，随着移动互联网的日益成熟，网速的日益加快和稳定，开设私塾或者教师自己理想的教育机构的成本大大降低了。教师授课不再需要实体的教室和线下教务组织、客服组织大量的人员服务，在互联网上来完成授课、宣传和支付等手段的时机与条件已经成熟。同当年淘宝开店一样，往往先走出这一步的教师会更早地实现自己的创业之梦。

❑ 就学生和家长而言，对于未来的学习模式要求一定是基于素质教育和独立人格教育前提下的寓教于乐，读万卷书、行万里路的人生之路。一句话，未来理想的教育模式是基于扎实知识基础之上的广博见闻、社会实践和开阔人脉。

8.6.2　云教育的发展趋势

未来，随着移动化及娱乐学习的发展，云教育将向以下几方面发展：

（1）移动学习将日益普及。随着移动 4G 技术的普及，网络的流量和速度越来越满足学生在移动终端学习的需求。与此同时，为移动终端开发的学习 APP 日益增多，无论是直播工具还是学习软件都可以轻易地下载到平板电脑、智能手机以及市场上其他各类的智能设备上，而移动智能设备的价格却逐年下降。同时各大教育提供商为了争夺未来在移动终端的地位，投入了大量人力、物力和财力，所以移动学习的春天真的要开始了。

（2）高效学习是云教育发展的必然结果。伴随着支持学生自学的碎片化学习系统越来越成熟，学生获得学习资源较以往任何时候都要便捷。丰富的教学资源在云端随时可供学生下载、学习和做自我测试，这样的学习方式在 21 世纪之前根本无法想象。学生完全可以按照需求，选择性地利用碎片时间进行系统学习。考试成绩或许从未如此之高，那是和学习资源占有与快速内化密不可分的。

（3）娱乐学习是云教育下的重要学习模式之一。学习再也不会仅仅是一件枯燥的事情。在学习过程中，当类似打游戏的成就感不断地激发学习兴趣的时候，学习过程的主观感受就发生了巨变。

（4）线上直播学习成为主流学习模式。线上教学将逐步彻底抛弃大段无聊视频的讲解模式。录播课程肯定会启动的是高质量碎片化课程与即时答疑相结合的模式，而这种即时答疑已经有了直播教学的血脉，当仁不让的线上直播教学已经走上了历史舞台。

⚡ 小结

本章从云计算应用的不同角度解释了云计算在主流行业中的应用，包含了存储服务、安全服务、办公需求、娱乐业、金融业以及教育行业的具体需求以及服务应用。云计算的发展，改变了传统行业的服务模式，给各行各业都带来了新的变革，促进着行业与互联网的结合。反之，各行业对云计算又提出了更高的要求。

习题

简答题

1. 云计算在哪些方面有应用？列举出你所接触到的云计算应用。

2. 举例说明云存储有哪些优点与缺点。

3. 云安全在哪些方面存在着缺陷？

4. 云办公应用相比传统办公软件的优越性体现在哪些方面？

5. 简述云教育具备哪些功能模块。

参考文献

[1] 周可，王桦，李春花. 云存储技术及其应用[J]. 中兴通讯技术，2010，16（4）：24-27.

[2] 张娟. 浅谈云存储技术的特点及其应用[J]. 中国新通信，2016，18（14）：115.

[3] 云存储的那些事 http://cloud.51cto.com/art/201406/441842.htm.

[4] 陈小明. 网络时代的云安全技术初探[J]. 计算机光盘软件与应用，2013（2）：156.

[5] 任翔. 基于云安全技术的防病毒软件商业模式的分析与研究[D]. 北京：北京邮电大学，2011.

[6] 高效低成本云安全技术专题 http://netsecurity.51cto.com/secu/yun/.

[7] 杜佶，刘娜. 电力行业云办公系统的虚拟化研究[J]. 科技风，2012（14）：41.

[8] olive. 云计算个人应用全接触[J]. 微型计算机，2010（3）：137-139.

[9] 石菲. 云金融之变——云计算打破思维定势[J]. 新金融世界，2010（7）：24-27.

[10] 什么是云游戏 https://baijiahao.baidu.com/s?id=1588781276073645211 & wfr=spider& for=pc.

[11] 霍学文. 关于云金融的思考[J]. 经济学动态，2013（6）：33-38.

[12] 武日嘎. 云教育平台的研究与设计[D]. 长春：东北师范大学，2012.

[13] 翟纯. 云教育环境下的个性化教学研究[D]. 重庆：西南大学，2017.